Kohlhammer

Perspektiven auf Gesellschaft und Politik

Stefan Iskan (Hrsg.)

Corona in Deutschland

Die Folgen für Wirtschaft, Gesellschaft und Politik

Verlag W. Kohlhammer

1. Auflage 2020

Gesamtherstellung: W. Kohlhammer GmbH, Stuttgart

Print:
ISBN 978-3-17-039608-1

E-Book-Formate:
pdf: ISBN 978-3-17-039609-8
epub: ISBN 978-3-17-039610-4
mobi: ISBN 978-3-17-039611-1

Inhalt

Vorwort

Ich selbst bin kein Mediziner und auch kein Virologe. Doch die Bilder, die aus Wuhan und später auch aus Italien und dem Elsass zu uns kamen, haben nichts Gutes erahnen lassen. Ich bin Logistiker. Und damit beschäftige ich mich tagtäglich. Einer Funktion, die im militärischen, wirtschaftlichen und zivilen Bereich höchst systemrelevant ist und deren Bedeutung für die allermeisten Menschen wohl erst so richtig in der gegenwärtigen Corona-Krise bewusst geworden sein dürfte. Als Architekten der internationalen Waren- und Personenströme stehen wir Logistiker an der Front der Globalisierung. Täglich müssen wir maximal dynamisch auf unvorhergesehene Ereignisse reagieren. Die Menschen, die weltweit in dieser Branche arbeiten, sind wie Fühler. Fühler, die selbst in den entlegensten Regionen dieser Welt Informationen frühzeitig wahrnehmen und weiter transportieren können.

Von daher waren es auch meine vormaligen Logistik-Kollegen in China, die sehr frühzeitig als eine Art Indikator für ein Szenario-Geschehen in Europa dienen konnten. Manche von ihnen waren nach einer Geschäftsreise in Deutschland »einfach nur froh«, wieder zurück nach China fliegen zu dürfen. Das war im Februar kurz vor der großen »Ischgl Aprés-Ski Party«. Jenem »Hotspot«, über den derzeit sehr intensiv im Rahmen einer Antikörper-Studie zur Validierung der Verbreitung der Coronavirus-Infektion diskutiert wird (vgl. Medizinische Universität Innsbruck online 2020). Die »wachsame Gelassenheit« in diesem Zeitraum hatte die Kollegen beunruhigt (vgl. ZDF online 2020). Das rigoros wirkende Vorgehen der chinesischen Behörden hatte unter ihnen ein Gefühl hervorgebracht: ein Gefühl, im »Land der Arbeit« dann doch sicherer aufgehoben zu sein als in ihrer ursprünglichen Heimat selbst. Vermeintlich geschützter als im »Europa der offenen Grenzen« (vgl. Auswärtiges Amt online 2020). Zurückgelassen wurde ich mit einem freundschaftlichen Rat, mein Umfeld vorzubereiten. Vorzubereiten auf das, was uns in Europa in den kommenden Wochen bevorstehen würde. 14 Tage hatten sie mir gegeben. Dann würden sie »chinesische Verhältnisse« auf europäischem Boden erwarten. Und so folgte kurz darauf auch der Exportstopp von Atemmasken und Schutzkleidung durch den Krisenstab der Bundesregierung am 4. März 2020 (vgl. Bundesamt für Wirtschaft und Ausfuhrkontrolle online 2020).

Frühzeitig standen also Hinweise zur Verfügung, dass wir möglicherweise auf eine »ernste Lage« hinzulaufen. Entsprechend hatte ich ab Mitte Februar begonnen Vorkehrungen zu treffen. Das war insbesondere dann der Fall, als aus Italien die Meldung kann, dass am 23. Februar 2020 Norditalien abgeriegelt werden würde. Ich glaube sagen zu dürfen, dass viele Partner und Verantwortliche zum damaligen Zeitpunkt noch nicht verstehen konnten, weshalb ich folglich anfing, mich selbst in eine Art »häusliche Quarantäne Light« zu stecken sowie sämtliche größere Veranstaltungsplanungen kategorisch für 2020 abzusagen und bis auf weiteres auf Herbst 2021 zu vertagen. Der (Leidens-)Druck meiner geschätzten Veranstalter und Medienpartner infolge dessen war nicht zu überhören.

Was Viren und Bakterien anstellen können und wie schwer es werden kann, einen einmal angegriffenen Körper wieder unter Kontrolle zu bringen, das konnte ich auch in meinem Umfeld beobachten. Im Februar bin ich daher zum »Social Distancing« übergegangen. Damals noch zur Verwunderung vieler, denen ich gar den Handschlag verweigerte. Die einen schmunzelten, die anderen haben es für sich pro-aktiv übernommen. Meine Überlegungen und Implikationen für die anstehenden Monate und eine mögliche Entwicklung bis in den Herbst 2021 hinein hatte ich in meinem Wirkungskreis geteilt.

Die einen sagten: »Das ist doch völlig überzogen. Da hat einer einfach nur eine Fledermaus gegessen«. Mit großem Gelächter haben sie das Thema, trotz der immer stärker werdenden Medien-Berichterstattung, weggewischt. Auch Verantwortliche. Erst kurz vor zwölf, als die persönlichen Einschlagserlebnisse immer näherkamen, wurde reagiert. Sei es, weil auf ihren Baustellen Vormaterialen anfingen zu fehlen oder Handwerker plötzlich nicht mehr erschienen. Oder in den Unternehmen Produktionsmaterial einfach nicht mehr ankam und sich nach dem Faschings-Skifahren in Tirol die ersten Führungskräfte abgemeldet hatten. Reagiert wurde anschließend. Und zwar zunehmend nervös. Und hastig.

Heute, Ende Juli 2020, stehen wir in Mitten einer historischen Gesundheitskrise mit vielfältigen »Parallel-Krisen«. Von daher ist es nicht trivial, ja sogar überaus ambitioniert, ein Buch über die Corona-Krise inmitten der Pandemie verfassen zu wollen. Vor allem auch deswegen, weil man mögliche Folgerungen regelrecht aus dem laufenden Tagesgeschehen heraus abzuleiten und unter Umständen immer wieder zu korrigieren hat. Jede mögliche Interpretation und Einschätzung kann sich am nächsten Tag schon wieder anders darstellen. Es bedarf also durchaus einer gewissen Portion »Mut«. »Mut« auf Seiten des Verlages und Lektorats. Aber auch »Mut« auf Seiten der Herausgeber und Autoren, ein solches Buchprojekt überhaupt anpacken zu wollen.

Was als formloses Brainstorming mit Dr. Peter Kritzinger, unserem Lektor, begann, mündete nur kurz darauf in ein spannendes Buchprojekt. Spannend zum einen, weil uns nicht viel Zeit blieb, Mitstreiter zu gewinnen. Spannend zum anderen aber auch, weil wir ein Konzept verfolgten, in welchem die Corona-Pandemie vorläufig aus unterschiedlichen Perspektiven beleuchtet werden sollte: Geschichte, Medizin, Wirtschaft, Technologie, Politologie und Journalismus.

In Zeiten der Corona-Pandemie werden von vielen Stellen immer wieder die Dimensionen »Solidarität« und »Gemeinschaft« betont. Und auch ein solches Buchprojekt unter »verschärften« Umständen ist nicht zuletzt das Ergebnis erfolgreicher Teamspieler. So danke ich zunächst dem Kohlhammer Verlag, allen voran Dr. Peter Kritzinger, für eben jenen »Mut«. Den »Mut«, ein solches Projekt in dieser ambitionierten Zeitleiste zu realisieren. Auch auf die Gefahr hin, dass einige unserer Erkenntnisse womöglich nach

Erscheinen des Buches wieder einer Auffrischung bedürfen. Aber auch den engagierten Mitstreitern bin ich für ihren gezeigten »Mut« zu Dank verpflichtet. Ihren »Mut«, Überlegungen und Urteile abzugeben unter dem zum Schreibzeitpunkt verfügbaren und auch einschätzbaren Kenntnisrahmen. Namentlich sind dies David Engels, Timo Ulrichs, Karl-Rudolf Korte, Tanjev Schultz, Robert Kölbl und Pelin Iskan.

Unser vorderstes Anliegen ist es, einem breiten Publikum in klaren und verständlichen Worten die Zusammenhänge und mögliche Folgen der aktuellen Corona-Krise für Wirtschaft, Gesellschaft und Politik zu vermitteln. Sie, liebe Leser, sollten sich bewusst machen, dass Krisen auch immer einen Schatz an Chancen für das eigene Leben mit sich führen. Bleiben Sie bei bester Gesundheit und Zuversicht.

Juli 2020 Stefan Iskan

Literatur

Auswärtiges Amt online (2020): Grenzen in Europa öffnen – aber dem Virus weiter Grenzen setzen. https://www.auswaertiges-amt.de/de/aussenpolitik/europa/europaeischer-nachbarschaftsdialog/2352028. [Zugriff am 24.6.2020].

Bundesamt für Wirtschaft und Ausfuhrkontrolle online (2020): Exportverbot für medizinische Schutzausrüstung. https://www.bafa.de/SharedDocs/Kurzmeldungen/DE/Aussenwirtschaft/Ausfuhrkontrolle/20200304_coronavirus_schutzausruestung.html. [Zugriff am 24.6.2020].

Medizinische Universität Innsbruck online (2020): Antikörper-Studie in Ischgl: Neue Forschungsergebnisse zur SARS-CoV2 Infektionen. https://www.i-med.ac.at/mypoint/news/744964.html. [Zugriff am 27.6.2020].

ZDF online (2020): Coronavirus in Deutschland: Spahn ruft zur Gelassenheit auf. https://www.zdf.de/nachrichten/politik/coronavirus-spahn-robert-koch-institut-wieler-100.html. [Zugriff am 24.6.2020].

»Es ist ernst. Nehmen Sie es auch ernst!«

Stefan Iskan

Es sind Zeiten, die sich wohl kaum einer von uns hat vorstellen können. Zeiten, wie man sie allenfalls aus einem Hollywood-Blockbuster kannte. Nicht wenige sprechen sogar von einem »Albtraum« in Dauerschleife. Was lokal im chinesischen Wuhan begann, ist zu einem Jahrhundertereignis geworden: die Corona-Pandemie. Weltweit kämpfen Staaten zeitgleich gegen die Ausbreitung des Coronavirus. Allein oder allenfalls in Verbünden. Und ein Ende oder gar die aus der Pandemie resultierenden Folgen sind noch keineswegs in Gänze absehbar. Deutschland, Europa und die gesamte Weltgemeinschaft sind auf einen harten Prüfstand gestellt. Alle gesellschaftlichen, wirtschaftlichen und politischen Bereiche werden seit Monaten maximal gefordert: das Gesundheits-, Wirtschafts-, Sozial- und Bildungssystem.

Seit der Gründung der Bundesrepublik Deutschland 1949 hat keine Krise zeitgleich alle Bürger betroffen. Und wohl kaum jemand hat bereits am 7. Januar 2020 geahnt, was in den kommenden Monaten auf jeden einzelnen von uns zukommen würde. An jenem Tag gelang es der World Health Organization (WHO) zufolge chinesischen Behörden den Erreger 2019-nCoV zu identifizieren (WHO online 2020a): das neuartige Coronavirus, das als Ursache für die gemeldeten Fälle von Lungenentzündung mit bislang unbekannter Ursache ausgemacht wurde. Jene Fälle wurden seit Dezember 2019 aus der chinesischen elf Millionen-Stadt Wuhan, der Hauptstadt der zentralchinesischen Provinz Hubei, gemeldet. Es sollten weitere zwei Monate folgen, bis die Menschen realisierten: 2020 wird ein komplett »anderes« Jahr.

Am 18. März 2020 richtete Bundeskanzlerin Angela Merkel schließlich in ihrer historischen Fernsehansprache zur Corona-Pandemie einen eindringlichen Appell an alle Bürgerinnen und Bürger (Bundesregierung online 2020a):

> »Es ist ernst. Nehmen Sie es auch ernst. Seit der Deutschen Einheit, nein, seit dem Zweiten Weltkrieg gab es keine Herausforderung an unser Land mehr, bei der es so sehr auf unser gemeinsames solidarisches Handeln ankommt.«

Und wer bis dahin die Tragweite der Herausforderung noch nicht erkannt hatte, dem dürfte sie wohl spätestens am 23. März 2020 klar geworden sein. An jenem Tag trat die von Bund und Ländern beschlossene Kontaktsperre in Kraft (vgl. Bundesregierung online 2020b). Heute, vier Monate nach der Ansprache der Frau Bundeskanzlerin, formulieren Politiker wie Bayerns Ministerpräsident Markus Söder: »Wir haben echt verdammtes Glück gehabt!« (vgl. Bayerische Rundfunk online 2020a). Denn aus medizinischen Gesichtspunkten scheint Deutschland in der ersten Welle verhältnismäßig noch mit einem »blauen Auge davongekommen« zu sein. Freilich: Der Verlust eines jeden einzelnen Menschen schmerzt! Doch verglichen mit den Todesfallzahlen, wie sie etwa aus den USA, Brasilien, Großbritannien, Italien, Spanien oder auch Mexiko verstärkt berichtet werden, sah das Virus in der ersten Welle in Deutschland noch verhältnismäßig beherrschbar aus. Allerdings stehen wir aktuell noch vor vielen Unbekannten mit ungewissem Ausgang: ökonomisch, sozial, politisch. Vor allen Dingen aber medizinisch. Und das auf unbestimmte Zeit.

Am 23. Januar 2020 betonte Bundesgesundheitsminister Jens Spahn in den Tagesthemen der ARD unter Bezugnahme des damaligen aktuellen Kenntnisstands des Robert-Koch-Instituts (RKI), dass bei der neuen Lungenkrankheit das Infektionsgeschehen im Vergleich zur Grippe milder sei (vgl. Tagesschau online 2020a und 2020b). Am 26. Februar sah Jens Spahn schließlich die Bundesrepublik Deutschland am Beginn einer Epidemie und bat seine Ministerkollegen aus den Ländern, ihre Pandemiepläne entsprechend zu aktualisieren und gegebenenfalls auch in Kraft zu setzen (vgl. Tagesschau online 2020a und Tagesschau online 2020c). In den Tagesthemen führte der Bundesgesundheitsminister aus, dass man nicht »das gesamte öffentliche Leben in Deutschland, Europa und der Welt beenden« könne (vgl. Tagesschau online 2020a). Der weitere Geschichtsverlauf ist bekannt: Es folgte ein beispielloser Lockdown des öffentlichen Lebens und auch der Wirtschaft – weltweit und nahezu zeitglich. Seither ist eine regelrechte »Aufmerksamkeitsökonomie« unter Virologen und »Crash-Propheten« entbrannt.

In den folgenden 14 Tagen folgte der Exportstopp medizinischer Schutzausrüstung durch den Krisenstab der Bundesregierung (4. März). Der Appell an Veranstalter, Großevents mit mehr als 1 000 Teilnehmern abzusagen und die Warnung vor Reisen nach Italien (10. März). Deutschlands Leitindustrie, die Automobilindustrie, wurde systematisch und regelrecht kontrolliert heruntergefahren. Das war insbesondere in der Woche vom 16. bis zum 21. März gut zu beobachten. Die letzten Fließbänder wurden am

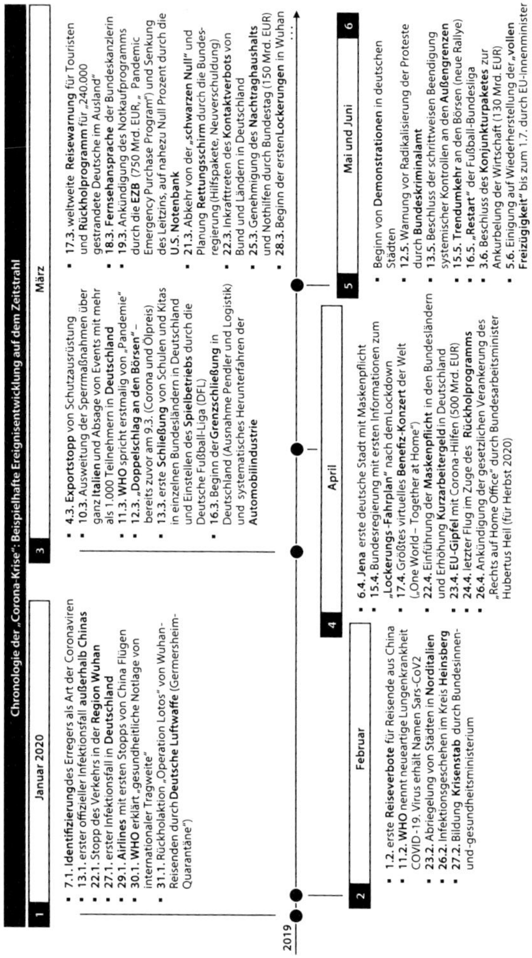

Abb. 1: Der Zeitstrahl zeigt in komprimierter Form ausgewählte Ereignisentwicklungen von Januar bis Juni 2020. Aufgrund der Komplexität und teilweise weltweit synchron erfolgten Geschehnisse kann an dieser Stelle keine vollumfängliche Darstellung gewählt werden (vgl. Bundesamt für Wirtschaft und Ausfuhrkontrolle online 2020, Bundesgesundheitsministerium online 2020, New York Times online 2020, Tagesschau online 2020d, Tagesschau online 2020e und Tagesschau online 2020f). Quelle: Eigene Darstellung.

Samstag gestoppt. Am Montag darauf trat schließlich die von Bund und Ländern beschlossene Kontaktsperre in Kraft (23. März).

Gerade diese Bilder dürften viele Menschen noch vor Augen haben: Weil die örtlichen Friedhöfe in Bergamo überfüllt waren, transportierte die italienische Armee Corona-Tote ab (vgl. Bayerischer Rundfunk online 2020b und Südtirol News online 2020). Nach Ausbruch des Coronavirus und des damit verbundenen Ausnahmezustandes sind in Norditalien die Versorgungsketten der Supermärkte und damit der Bevölkerung punktuell zusammengebrochen. Bürgerkriegsähnliche Zustände, die in den hiesigen Medien nicht transportiert wurden, waren die Folge. Inzwischen ist die italienische Volkswirtschaft wie die gesamte Weltwirtschaft von den Folgen der Pandemie stark getroffen (vgl. Germany Trade and Invest online 2020). Nicht wenige Ökonomen erwarten, dass die Weltwirtschaft auf die schwerste Rezession seit der »Great Depression« von 1929 zusteuert. Einem »Schreckens-Zustand«, dem sich alle Regierungen und Notenbanken seit Beginn der Corona-Krise mit aller Kraft entgegenstemmen.

Wie in Italien waren beispielsweise auch im Elsass die Notaufnahmen in den Krankenhäusern so sehr überlastet, so dass eine Triage wie unter Kriegszuständen erforderlich war. Als Triage wird dabei in der Notaufnahme die Methodik beschrieben, anhand derer Notfallpatienten in sehr kurzer Zeit nach Behandlungsdringlichkeit priorisiert und verfügbaren Behandlungsressourcen zugeordnet werden (vgl. Christ u. a. 2010, S. 892). Berichte machten die Runde, wonach älteren Notfallpatienten Beatmungsgeräte zugunsten jüngerer COVID-19-Erkrankter weggenommen und diese Menschen damit ihrem Schicksal überlassen wurden. Es fällt schwer, sich auszumalen, welchen physischen vor allem aber auch psychischen Belastungen das medizinische Personal in diesen Situationen ausgesetzt war.

Zeitgleich war vielerorts in Deutschland zu hören: »Dieses Virus ist doch ein Witz. Viel schlimmer wiegt, dass mein Lieblings-Golf-Club gerade schließt. Und was soll ich jetzt machen?« Oder: »Das Coronavirus tötet nur alte Menschen und die werden sowieso sterben. Das entlastet endlich unsere Rentenkassen« (sinngemäß und Wortlaut nach diversen Foreneinträgen und Berichten im Internet wie etwa Refinery29 online 2020).

Heute wissen wir: Eine Coronavirus-Infektion kann jeden treffen. Allerdings gibt es altersabhängig unterschiedliche Wahrscheinlichkeiten, im Anschluss daran auch eine COVID-19-Erkrankung zu entwickeln. Und auch der Verlauf von COVID-19 und mögliche Komplikationen sind von Risiken abhängig. Dazu zählen neben dem Alter auch bestimmte Vorerkrankungen. Es muss also zwingend zwischen Infektion und Erkrankung unterschieden werden (siehe hierzu auch Timo Ulrichs in diesem Buch).

Zu Beginn der Corona-Krise fanden Politiker drastische, ja sogar martialische Worte. Nicht selten wurde der Krieg als Vergleich bemüht. Ein »Krieg gegen das Coronavirus«, wie es etwa Frankreichs Staatspräsident Emmanuel Macron angesichts der damaligen Lage in seinem Land formulierte (vgl. Deutschlandfunk online 2020). Und Papst Franziskus sah die Europäische Union angesichts des Coronavirus gar vor »einer epochalen Herausforderung, von der nicht nur ihre Zukunft, sondern die der ganzen Welt abhängt«, (vgl. Domradio online 2020).

Den Worten folgten Taten: Länderübergreifend wurden Maßnahmen und Einschränkungen ergriffen, die in der Tat an »Kriegszeiten« erinnern können. In den USA hatte Präsident Donald Trump das »Defense Production Act« aktiviert (vgl. The White House online 2020). Das Gesetz, das es dem Staat erlaubt, dringend benötigte Produkte von Unternehmen fertigen zu lassen. Und auch in Deutschland hat man zu Beginn der Pandemie immer wieder aus dem Konzern-Umfeld erfahren, dass die Produktion etwa von Beatmungsgeräten, Schutzausrüstung oder Desinfektionsmittel geprüft werden würde.

Militär-bezogene Themen standen auch außerhalb von »Kriegsregionen« zu Beginn der Corona-Pandemie in Deutschland im Blick. Am 4. März 2020 legte das Verteidigungsministerium den ersten Bericht über extremistische Verdachtsfälle in der Bundeswehr vor. Im Blickpunkt stehen hier staatsfeindliche Einstellungen, wie etwa

Reichsbürgertum oder auch Rechts- und Linksterrorismus (vgl. Bundesministerium für Verteidigung online 2020). Im gleichen Zuge wurde und wird bis heute immer wieder von rechtsextremen Verdachtsfällen im Kommando Spezialkräfte der Bundeswehr (KSK) in Calw berichtet, denen der Militärische Abschirmdienst MAD entsprechend nachgeht (vgl. Bundeswehr online 2020a und Deutscher BundeswehrVerband online 2020). Am 19. März 2020 und damit kurz vor dem Lockdown hatte Bundesinnenminister Horst Seehofer zudem im Zuge einer Razzia in zehn Bundesländern erstmals bundesweit eine Reichsbürger-Gruppierung verboten (vgl. ZDF online 2020). Diese Themen sind deswegen von Relevanz, da sich im Zuge der Lockerungen seit etwa Mai unterschiedliche Demonstrationsströmungen gegen die eingeschlagene »Corona-Politik« gebildet haben. Während einige beispielsweise gegen eine Impfpflicht protestieren, werden laut Verfassungsschutz und Bundeskriminalamt auch Veranstaltungen wahrgenommen, die von Rechtsextremisten unterwandert werden sollen (vgl. Welt online 2020).

Die Verunsicherung unter den Menschen ist groß. Und sie war es vor dem Lockdown auch – jedoch möglicherweise aus einem anderen Grund. Lange Güterzüge mit militärischem Gerät, wie etwa Panzern, waren kurz vor dem Lockdown zu sehen. Darunter auch Panzerkolonnen in der Nähe des damals heruntergefahrenen Stuttgarter Flughafens. Einige vermuteten in den sozialen Netzwerken, dass die Panzer im Zusammenhang mit dem bevorstehenden Lockdown und damit der Absicherung »systemrelevanter Infrastruktur, Medienhäuser und Fabriken« zusammenhängen würden. Es sollte sich später herausstellen, dass diese noch logistische Ausläufer der am 13. März 2020 eingestellten NATO-Übung »Defender Europe 2020« waren. Jene Übung, welche durchaus auch abseits der großen Berichterstattung die größte Truppenverlagerung der USA nach Europa seit 25 Jahren sein sollte. Als logistische Drehscheibe war Deutschland in dieser Übung im Zentrum gestanden (vgl. Bundeswehr online 2020b).

Der Aspekt der bereits im Vorwort angerissenen »Systemrelevanz« der Logistik kam aber auch an anderen Stellen zum Vorschein.

Etwa in Form abgerissener Lieferketten in der Industrie kurz vor dem Lockdown. In der Absicherung der Versorgung von Supermärkten. Im massiven Umrüsten von Passagierflugzeugen zu »reinen« Frachtmaschinen, um weltweit Fertigungsanlagen, Beatmungsgeräte und Schutzausrüstung für die Corona-Pandemie verfrachten zu können. Meldungen von verschwundenen, konfiszierten und von Regierungen dringend erwarteten Sendungen mit Schutzausrüstung machten die Runde (vgl. Tagesschau online 2020g). An der deutsch-polnischen Grenze staute sich im Zuge der Grenzschließungen vor dem Lockdown die Lkw-Abfertigung auf bis zu 60 km (vgl. Deutsche-Verkehrs-Zeitung online 2020). Bilder, wie wir sie sonst nur aus krisen-geplagten Regionen dieser Welt kennen dürften.

Aber auch in anderer Hinsicht zeigte sich die »Systemrelevanz« der Logistik: um etwa »gestrandete« Deutsche zurückzuholen, hatte das Auswärtige Amt im März ein beispielloses Rückholprogramm gestartet. Bis zum 24. April 2020 wurden rund 240 000 Bürgerinnen und Bürger eingeflogen. Mitte Juni machten in diesem Zusammenhand dann Meldungen die Runde, wonach das Auswärtige Amt nachträglich die Kosten weiterbelasten würde (vgl. Tagesschau online 2020h). Und während in Deutschland die Menschen zu Beginn der Pandemie damit beschäftigt waren, vordergründig Toilettenpapier, Nudeln, Konserven und Mehl zu »hamstern«, haben sich die Bürger in anderen Staaten, wie etwa den USA und Ungarn, weiter mit Waffen eingedeckt – aus Angst vor Unruhen (vgl. NTV online 2020).

Auch weitere negative Schlagzeilen machten die Runde. So etwa ein Sportartikelhersteller, der vorgeprescht war, als die Bundesregierung über etwaige Neuregelungen in der Corona-Krise, allen voran zur Miete und zum Verbraucherschutz ab April, informierte (Bundesregierung online 2020c). Manches Großunternehmen, wie etwa der Sportartikelhersteller, konnte es in der Folge kaum abwarten, zu verkünden, dass man die Miete für geschlossene Läden ab April nicht mehr bezahlen würde. Erst der öffentliche Druck sorgte für eine Klarstellung der Sachlage bzw. ein Umdenken (vgl. Absatzwirtschaft online 2020).

Und heute? Heute lassen sich Unternehmen finden, die in Büros »zum Schein« desinfektionsähnliche Produkte aufstellen, um »formal« etwaige Hygieneauflagen zu erfüllen und gleichzeitig Kosten zu sparen. Viele ihrer Mitarbeiter befinden sich trotz Lockerungen noch immer im »auf einmal möglich gewordenen« digitalen Homeoffice. Aber auch Verdachtsfälle kommen auf, in denen Unternehmen zwar für ihre Mitarbeiter Kurzarbeitergeld anmelden, diese jedoch voll durcharbeiten lassen.

Und die Börsen? Im März noch herrschte eine regelrechte »Weltuntergangsstimmung« an den Finanzmärkten. In Folge des »Doppelschlags« vom 9. März und 12. März 2020 erlebte der deutsche Leitindex DAX den schnellsten Tagesverlust in seiner Geschichte. Grund war die sich zuspitzende Corona-Krise und ein »Preiskrieg« am Ölmarkt. Alles, was schnell den »Cash-Bestand« erhöhte, wurde schließlich hektisch verkauft. Aktien. Edelmetalle. Rohstoffe. Doch wer glaubte, die Börse würde angesichts der abgestürzten Realwirtschaft im Tal der Tränen verharren, der staunte nicht schlecht als ab Mitte Mai eine »neue« Rallye an den Finanzmärkten zu beobachten war.

Seither kennt die Börse weitgehend wieder nur eine Richtung: und zwar nach oben. Hoffnung und Optimismus in den Kursen, wie es professionelle Marktbeobachter immer wieder bezeichnen, scheinen überhandzunehmen. Und das obwohl es gegenwärtig kaum positive Lichtblicke aus der Realwirtschaft zu vermelden gibt. Ja sogar das Infektionsgeschehen scheint in Deutschland Richtung Ende Juni wieder deutlich zuzunehmen. Vor einer möglichen zweiten Welle wurde von Seiten der Virologen schon länger gewarnt. Einzelne Städte und Regionen werden wieder in einen lokalen bzw. regionalen »Lockdown Light« überführt (vgl. Tagesschau online 2020h). Und Unternehmensvertreter befürchten: Sollte es zu einer zweiten Welle mit einem zweiten harten »Lockdown« kommen, dann könnte es in der Wirtschaft »erst so richtig hässlich« werden.

Vor dem Hintergrund dieser skizzierten Situationsbeschreibung stellt sich nun die Frage, wie sich Deutschland inmitten der gro-

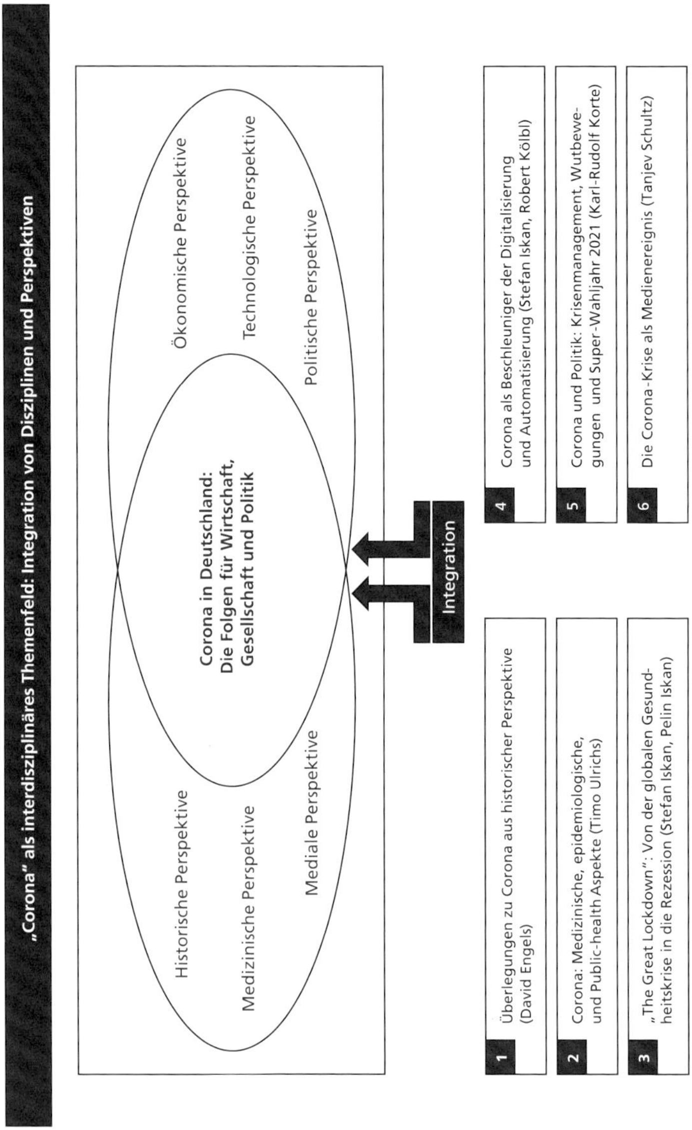

Abb. 2: Die »Corona-Pandemie« als interdisziplinäres Themenfeld: Aufbau des Buches. Quelle: Eigene Darstellung.

ßen Pandemie entwickelt. Und vor allen Dingen, welche Perspektiven sich hieraus für Wirtschaft, Gesellschaft und Politik für die bevorstehende Zeit ergeben.

Folgende Fragestellungen sind daher für die nachfolgenden Beiträge leitend:

Historisch: Gab es in der Geschichte bereits vergleichbare Phänomene? Und was können wir aus historischen Vergleichen lernen? **Medizinisch:** Wie schnell bzw. lässt sich der Coronavirus in den Griff kriegen? Was wissen wir und welche Maßnahmen sind überhaupt sinnvoll? **Ökonomisch:** Wie ist es um die Wirtschaft bestellt und welche Szenarien liegen dem Weg aus der Corona-Krise zugrunde? **Technologisch:** Wie wirken sich die Folgen des Coronavirus auf die technische Infrastruktur und die weitere digitale Transformation aus? Und führt die Corona-Krise zu einer Beschleunigung in der Digitalisierung und Automatisierung? **Politisch:** Was kann und muss die Politik in Zeiten zunehmender gesellschaftlicher Spaltung und Radikalisierung unternehmen? Und zuletzt **medial:** Welche Rolle kommt der Berichterstattung in der Corona-Krise zu? Wie sehr ist die sachliche Berichterstattung von »Framing« geprägt? Die Struktur des Buches wird in Abb. 2 bildhaft widergegeben.

Literatur

Absatzwirtschaft online (2020): Corona-Krise: Adidas entschuldigt sich und zahlt jetzt doch Miete. https://www.absatzwirtschaft.de/adidas-entschuldigt-sich-und-zahlt-jetzt-doch-miete-171347/. [Zugriff am 24.06.2020].

Bayerischer Rundfunk online (2020a): Söder verteidigt seinen Anti-Corona-Kurs – Kritik der Opposition. https://www.br.de/nachrichten/bayern/soeder-verteidigt-seinen-anti-corona-kurs-kritik-der-opposition,S2QuOe0. [Zugriff am 23.06.2020].

Bayerischer Rundfunk online (2020b): Archiv: die gesammelten Fakes zu Corona. https://www.br.de/nachrichten/wissen/die-gesammelten-fakes-desinformation-zu-corona,RuuURMo, [Zugriff am 24.06.2020].

Bundesamt für Wirtschaft und Ausfuhrkontrolle online (2020): Exportverbot für medizinische Schutzausrüstung. https://www.bafa.de/SharedDocs/Kurzmeldungen/DE/Aussenwirtschaft/Ausfuhrkontrolle/20200304_coronavirus_schutzausruestung.html. [Zugriff am 24.06.2020].

Bundesgesundheitsministerium online (2020): Coronavirus SARS-CoV-2: Chronik der bisherigen Maßnahmen. https://www.bundesgesundheitsministerium.de/coronavirus/chronik-coronavirus.html. [Zugriff am 24.06.2020].

Bundesministerium für Verteidigung online (2020): Null Toleranz für Extremisten in der Bundeswehr. https://www.bmvg.de/de/aktuelles/null-toleranz-extremisten-bundeswehr-201168. [Zugriff am 27.06.2020].

Bundesregierung online (2020a): Fernsehansprache von Bundeskanzlerin Angela Merkel. Presse- und Informationsamt der Bundesregierung. Pressemitteilung 100. 18. März 2020: https://www.bundesregierung.de/breg-de/aktuelles/fernsehansprache-von-bundeskanzlerin-angela-merkel-1732134. [Zugriff am 16.06.2020].

Bundesregierung online (2020b): Besprechung der Kanzlerin mit den Regierungschefinnen und Regierungschefs der Länder. https://www.bundesregierung.de/breg-de/themen/coronavirus/besprechung-der-bundeskanzlerin-mit-den-regierungschefinnen-und-regierungschefs-der-laender-1733248. [Zugriff am 24.06.2020].

Bundesregierung online (2020c): Neuregelungen in der Corona-Krise: Informationen zu Miete- und Verbraucherschutz. https://www.bundesregierung.de/breg-de/themen/coronavirus/corona-informationen-miete-verbraucherschutz-1734914. [Zugriff am 24.06.2020].

Bundeswehr online (2020a): Der Militärische Abschirmdienst. https://www.bundeswehr.de/de/organisation/weitere-bmvg-dienststellen/mad-bundesamt-fuer-den-militaerischen-abschirmdienst. [Zugriff am 27.06.2020].

Bundeswehr online (2020b): DEFENDER-EUROPE 20: Rückverlegung US-Material. https://www.bundeswehr.de/de/defender-europe-20-rueckverlegung-us-material-244184. [Zugriff am 27.06.2020].

Christ, M.; u. a. 2010): Triage in der Notaufnahme: Moderne, evidenzbasierte Ersteinschätzung der Behandlungsdringlichkeit. In: Deutsches Ärzteblatt 2010, 107(50), S. 892-898.

Deutsche-Verkehrs-Zeitung online (2020): Die Chronologie der Corona-Ereignisse. https://www.dvz.de/rubriken/land/detail/news/die-chronologie-der-corona-ereignisse.html. [Zugriff am 24.06.2020].

Deutscher BundeswehrVerband online (2020): KSK-Kommandeur: Kein Platz für. rechtsextreme Verfehlungen. https://www.dbwv.de/aktuelle-themen/newsbeitrag/news/ksk-kommandeur-kein-platz-fuer-rechtsextreme-verfehlungen/. Zugriff am 27.06.2020].

Deutschlandfunk online (2020): Ausnahmezustand in Frankreich »Der Krieg gegen das Coronavirus steht im Vordergrund«. https://www.deutschlandfunk.de/ausnahmezustand-in-frankreich-der-krieg-gegen-das.694.de.html?dram:article_id=473536. [Zugriff am 24.06.2020].

Domradio online (2020): Pabst mahnt Zusammenhalt in Europa an: Epochale Herausforderung. https://www.domradio.de/themen/papst-franziskus/2020-04-22/epochale-herausforderung-papst-mahnt-zusammenhalt-europas. [Zugriff am 24.06.2020].

Germany Trade and Invest online (2020): Update: Corona – Wirtschaft in Krisenzeiten. https://www.gtai.de/gtai-de/trade/wirtschaftsumfeld/bericht-wirtschaftsumfeld/italien/update-corona-wirtschaft-in-krisenzeiten-230356. [Zugriff am 24.06.2020].

New York Times online (2020): How the Coronavirus Pandemic Unfolded: a Timeline. https://www.nytimes.com/article/coronavirus-timeline.html. [Zugriff am 22.06.2020].

NTV online (2020): Waffenkäufe in Ungarn boomen wegen Coronakrise. https://www.n-tv.de/der_tag/Waffenkaeufe-in-Ungarn-boomen-wegen-Coronakrise-article21662776.html. [Zugriff am 24.06.2020].

Refinery online (2020): Corona: Warum ist es vielen egal, wenn alte Menschen sterben? https://www.refinery29.com/de-de/corona-virus-vernachlaessigung-alter-menschen-todesopfer. [Zugriff am 24.06.2020].

Südtirol News online (2020): Erschütternd: Militärkonvoi bringt Tote aus Bergamo weg. https://www.suedtirolnews.it/italien/erschuetternd-militaerkonvoi-bringt-tote-aus-bergamo-weg. [Zugriff am 24.06.2020].

Tagesschau online (2020a): Maßnahmen gegen Corona: Wann hat Spahn was gesagt. https://www.tagesschau.de/faktenfinder/spahn-corona-113.html. [Zugriff am 18.06.2020].

Tagesschau online (2020b): »Wachsam, aber mit kühlem Kopf«. https://www.tagesschau.de/inland/spahn-coronavirus-101.html. [Zugriff am 24.06.2020].

Tagesschau online (2020c): Gesundheitsminister Spahn rechnet mit Coronavirus-Epidemie in Deutschland. https://www.tagesschau.de/multimedia/video/video-666925.html. [Zugriff am 24.06.2020].

Tagesschau online (2020d): Coronavirus-Krisenstab: Exportstopp für Atemschutzmasken. https://www.tagesschau.de/inland/corona-atemschutzmasken-101.html. [Zugriff am 24.06.2020].

Tagesschau online (2020e): Chronik zur Coronakrise: Ein Virus verändert die Welt. https://www.tagesschau.de/faktenfinder/hintergrund/corona-chronik-pandemie-103.html. [Zugriff am 24.06.2020].

Tagesschau online (2020f): Chronik zum Coronavirus: Der Ausbruch einer Pandemie. https://www.tagesschau.de/faktenfinder/hintergrund/corona-chronik-pandemie-101.html. [Zugriff am 24.06.2020].

Tagesschau online (2020g): US-Botschaft attackiert Deutschland. https://www.tagesschau.de/ausland/usa-schutzmasken-101.html. [Zugriff am 27.06.2020].

Tagessschau online (2020h): Corona-Rückholaktion: Auswärtiges Amt verschickt bald Rechnungen. https://www.tagesschau.de/inland/rechnung-rueckholaktion-101.html. [Zugriff am 24.06.2020].

The White House online (2020): Memorandum on Order Under the Defense Procution Act Regarding 3M Company. https://www.whitehouse.gov/presidential-actions/memorandum-order-defense-production-act-regarding-3m-company/. [Zugriff am 24.06.2020].

WHO-Regionalbüro für Europa online (2020a): Pandemie der Coronavirus-Krankheit (COVID-19). https://www.euro.who.int/de/health-topics/health-emergencies/coronavirus-covid-19/novel-coronavirus-2019-ncov. [Zugriff am 24.06.2020].

WHO-Regionalbüro für Europa online (2020b): Ausbruch des Neuartigen Coronavirus in China – Was bedeutet das für Europa. 24. Januar 2020. https://www.euro.whosdffs.int/de/health-topics/health-emergencies/international-health-regulations/news/news/2020/2/novel-coronavirus-outbreak-in-china-what-does-it-mean-for-europe [Zugriff am 17.06.2020].

Welt online (2020): Corona-Demonstrationen: Rechtsextreme sehen ihre Chance. https://www.welt.de/print/die_welt/article208048641/Corona-Demonstrationen-Rechtsextreme-sehen-ihre-Chance.html. [Zugriff am 27.06.2020].

ZDF online (2020): Razzien in zehn Ländern: Seehofer verbietet erstmals Reichsbürger-Gruppierung. https://www.zdf.de/nachrichten/politik/seehofer-verbot-reichsbuerger-gruppe-100.html. [Zugriff am 27.06.2020].

Überlegungen zu Corona aus historischer Perspektive

David Engels

Die Einschätzung der Corona-Covid-19-Pandemie fällt nicht einfach: Die Zahlen ändern sich laufend, und mit ihnen die Einschätzungen, die den Maßnahmen zugrunde gelegt werden. In dieser von Ungewissheit und Unsicherheit bestimmten Situation lohnt sich ein Blick in die Vergangenheit: Gab es in der Vergangenheit bereits vergleichbare Pandemien? Und wenn ja: Lassen sich aus dem Verhalten der Zeitgenossen möglicherweise Erkenntnisse für die Menschheit in der gegenwärtigen Situation ableiten?

Zwar ist die Möglichkeit, Erkenntnisse in systematischer Weise aus der Vergangenheit in die Gegenwart oder gar Zukunft zu übertragen, in der Geschichtswissenschaft umstrittener denn je. Zu sehr hat sich das Paradigma von Fortschritt und offener Zukunft durchgesetzt, wonach die Zukunft von so zahlreichen Parametern abhängt, dass selbst vage Extrapolationen auf Basis unserer sonstigen Fallbeispiele fragwürdig scheinen. Doch es bleibt die Tatsache bestehen, dass Pandemien mit allen sich daraus ergebenden Konsequenzen nichts fundamental »Neues« sind. Vielmehr durchziehen Pandemien die Geschichte der Menschheit gleichsam wie ein roter Faden und weisen einen typischen historischen Formenschatz auf. Inwieweit uns die Betrachtung dieser Fälle helfen kann, unsere eigene Situation zu meistern, muss sich natürlich erst zeigen. Bis dahin scheint es jedenfalls ein lohnendes Unterfangen, die vergleichbare historische Ereignisse und die Reaktionen der Zeitgenossen zu betrachten.

Seuchen und Globalisierung

In den Medien wurde die Covid-19-Pandemie wiederholt mit der Spanischen Grippe verglichen. Zwischen 1918 und 1920 wütete sie in mehreren Wellen, wobei weltweit etwa 500 Millionen Menschen infiziert waren. Sie forderte 27–50 Millionen Opfer; besonders betroffen waren 20–40jährige Menschen.

Doch auch in der Antike und im Mittelalter waren schwere, manchmal sogar über ganze Kontinente hinweg grassierende Seuchen geläufige Erscheinungen. Zu nennen wären hier etwa die berühmte »Pest«, welche in Athen zu Beginn des Peloponnesischen Kriegs (430–426 v. Chr.) wütete, oder die »Antoninische Pest«, welche das Römische Reich von 165–190 n. Chr. heimsuchte. Welcher Erreger das Sterben in Athen verursacht hat, lässt sich bis heute nicht mit Sicherheit sagen; möglicherweise handelte es sich um

Typhus. Jedenfalls aber raffte die Seuche ein Viertel der Bevölkerung Athens dahin – unter anderem den berühmten Staatsmann Perikles. Bei der Antoninischen Pest dürfte es sich wohl um eine Art von Pocken gehandelt haben, welcher 7–10 Millionen Menschen zum Opfer fielen – rund 5–10 % der Gesamtbevölkerung des Römischen Reiches.

Einen hohen Blutzoll forderte auch die Justinianische Beulenpest, welche sich seit 541 n. Chr. von Ägypten aus über den ganzen Mittelmeerraum ausbreitete. In den folgenden zwei Jahrhunderten brach sie wiederholt sporadisch aus, wobei ihr über ein Viertel der 25 Millionen zählenden Bevölkerung des byzantinischen Reichs zum Opfer fiel.

Am bekanntesten ist heute jedoch zweifellos die als »Schwarzer Tod« bekannte spätmittelalterliche Pestepidemie, welche aus Zentralasien eingeschleppt worden war. In der Zeit von 1346 bis 1353 fielen ihr etwa 25 Millionen Menschen zum Opfer – also rund ein Drittel der Bevölkerung Europas. Der »Schwarze Tod« flackerte auch in den Folgejahren immer wieder lokal auf. Um 1400 waren von der Seuche etwa vor allem Kinder und Jugendliche betroffen, 1665/1666 wütete sie in Südengland und zwischen 1708–1714 in Nord- und Osteuropa.

Schließlich muss an die Pockenepidemie erinnert werden, welche von den europäischen Eroberern nach Amerika eingeschleppt wurde und sich seit 1518 unter den Ureinwohnern verbreitete, von denen etwa ein Viertel der Krankheit zum Opfer fielen, während die Europäer bereits weitgehend resistent waren.

Vor diesem Hintergrund scheint die gegenwärtige Pandemie dann doch glücklicherweise eher eingeschränkten Ausmaßes, vergleicht man die bislang weltweit 15,8 Millionen Infizierten und »nur« ca. 640 000 Toten mit den grausigen Zahlen der Vormoderne, wobei zudem überwiegend ältere Menschen mit Vorerkrankungen anfällig scheinen und nicht, wie bei früheren Seuchen, Angehörigen aller Altersklassen (Stand 26. Juli 2020, WHO World Health Organization online 2020). Freilich, auch unsere technischen Mittel bei der Bekämpfung von Krankheiten sind ausgefeilter als je zuvor;

doch selbst in Staaten mit nur rudimentärem Gesundheitssystem scheint ein Massensterben, wie man es bei anderen Seuchen in der Geschichte kannte, auszubleiben. Allerdings bleibt unser Wissen über die langfristigen Folgen der Erkrankung oder eine mögliche »zweite Welle« doch noch sehr ungenügend.

Aber nicht der nackte Vergleich der Zahlen soll im Zentrum unserer Überlegungen stehen, sondern vielmehr die formalen und psychologischen Aspekte der durch die Pandemie ausgelösten Kontingenzerfahrung, die zu allen Zeiten und Orten recht ähnlich auszufallen scheint. Dies gilt umso mehr, als Medien und Politik der quantitativ doch recht begrenzten Pandemie eine solche Bedeutung eingeräumt haben, dass die Reaktion vieler Menschen jenseits ihrer tatsächlichen realen Bedrohung extrem ausfallen können.

Als Voraussetzung für die Pandemie wurde in den Medien angesichts des Ursprungs der Covid-19-Seuche im chinesischen Wuhan häufig die Globalisierung angeführt: Die gewaltig angestiegene internationale Mobilität liefere die denkbar günstigsten Voraussetzungen für die Verbreitung viraler Erkrankungen. Dieses Narrativ ist von Globalisierungsgegnern bereitwillig aufgegriffen worden, um die Bedeutung von Grenzen und weitgehend in sich abgeschlossenen Lebens- und Wirtschaftsräumen zu betonen. Eine solche Verquickung von Globalisierung und Krankheitsanfälligkeit ist in jüngerer Zeit auch in der Forschung zur römischen Geschichte hergestellt worden, hat man doch einen unbestrittenen Zusammenhang zwischen der raschen Ausbreitung und sporadischen Wiederkehr der Antoninischen und Justininanischen Pest sowie der gut ausgebauten Verkehrsinfrastruktur des Römischen Reichs nachgewiesen.

Nun ist zweifellos richtig, dass die Erleichterung und Beschleunigung der internationalen Mobilität wichtige Gründe dafür sind, dass aus lokalen Krankheitsherden innerhalb kürzester Zeit Epidemien oder gar Pandemien werden können. In früheren Zeiten waren hierfür Wochen und Monate notwendig, wie etwa die schrittweise Ausbreitung des »Schwarzen Todes« von Zentralasien bis hin zu den Britischen Inseln zeigt. Doch demonstriert gerade dieses Beispiel auch, dass selbst in Zeiten räumlich noch weitgehend autarker Subsistenzwirtschaft, also einer aufs nackte Überleben ausgerichteter Wirtschaftsform, und begrenzter interkontinentaler Kontakte das Risiko für globale Seuchen mitnichten ausgeschlossen war. Denn es reichte offensichtlich eine einzige, punktuelle Kontaktaufnahme zwischen zwei ansonsten voneinander weitgehend getrennten Räumen, um eine vollständige Durchseuchung zu übertragen.

Als besonders fatal konnte sich eine geringe Durchseuchung des Zielgebiets erweisen. Dies wird am Beispiel der Pockenepidemien in Amerika ersichtlich, wo die Ureinwohner bis zur europäischen Eroberung noch nie mit jener Krankheit konfrontiert worden waren und einen historisch einmalig hohen Blutzoll für die »Verschmelzung zweier Welten« entrichten mussten. Ähnlich verhält es sich mit der Antoninischen Pest, als durch den Kontakt römischer Legionäre mit dem parthischen Reich unbekannte Krankheitserreger in das römische Imperium gelangten, oder auch der Justinianischen Pest, bei der Erreger aus Indien oder dem subsaharischen Bereich über Ägypten eingeschleppt wurden. Bei allen diesen Beispielen fanden Erreger ideale Voraussetzungen in einem neuen, bis dato noch nicht oder kaum durchseuchten Habitat.

Nun treten die tatsächlichen medizinischen oder infrastrukturellen Fragen für viele unmittelbar von Seuchen betroffenen Menschen hinter subjektiven Erklärungsmodellen zurück. Zwar ist die Bemühung, zu einer objektiven Beschreibung und Analyse des jeweiligen biologischen Phänomens zu gelangen, von unbestrittener Bedeutung. Doch genauso gilt es, den psychologischen Aspekt nicht zu vernachlässigen: Bis heute tritt die rein abstrakte Frage nach dem »Wie?« einer tödlichen Gefahr vielfach hinter der persönlichen Frage »Warum?« zurück. Die Antwort auf diese Frage bedient insofern ganz andere historische Verständnisebenen. Sie führt nicht in den wissenschaftlichen, sondern vielmehr philosophischen, ja moralischen Bereich. Dies zeigt etwa die Tendenz, Ursachen für Seuchen nicht in schwer vorauszubestimmenden medizinischen Phänomenen zu suchen, sondern etwa in der sittlichen Fehlerhaftigkeit – d. h., der »Schuld« – des Menschen selbst. Die Reflexion über die Schuld kann dabei zwei Gestalten annehmen, die beide so alt sind wie die Menschheit selbst.

Die Seuche als Strafe

Die erste Denkfigur begreift die Krankheit als eine »göttliche Strafe« für menschliche Verfehlungen. Daher gilt es, durch genaue Gewissensprüfung die Verfehlung zu eruieren, damit entsprechende Entsühnungsmaßnahmen die göttliche Vergebung sichern können. Die Überlieferung der alten Kulturen – von den Annalen des alten Sumer (= Kultur von ca. 6. Jahrtausend v. Chr. – 2. Jahrtausend v. Chr. im heutigen Iran) über die sieben ägyptischen Plagen bis hin zu den Vorzeichenkatalogen der römischen Republik – ist voll von entsprechenden Überlegungen, in denen Seuchen, Naturkatastrophen oder bedrohliche Vorzeichen als Strafen der Götter gedeutet wurden.

Durch Opfer, Prozessionen, Tempelbauten oder Herrschaftswechsel mussten die Vergehen gesühnt werden, bis das jeweilige Unheil abgewendet und die Götter als versöhnt gelten konnten. Bereits der Gründungstext der griechischen Literatur, die homerische Ilias (7. Jahrhundert v. Chr.), setzt mit der Beschreibung einer Seuche ein: Apollon bestraft das griechische Heer für die Verfehlungen seines Großkönigs Agamemnon. Dieses Denkmodell sollte bis in die christliche und mittelalterliche Literatur Bestand haben, als Seuchen ebenfalls als Strafen Gottes für menschliche Verfehlungen interpretiert wurden und oft zum Auslöser weitreichender religiöser Reformen werden konnten.

Interessant ist dabei, dass schon in der Antike eine Verlagerung der Argumentation vom Bereich individueller moralischer Verfehlungen hin zu einem kollektiven politischen Versagen zu bemerken ist. In Athen etwa suggeriert die berühmte Beschreibung der Pest durch Thukydides (Historiker aus dem 5./4. Jahrhundert v. Chr.), welche den Höhepunkt athenischer Selbstglorifizierung markiert, dass man die damalige Seuche als eine Strafe für die Hybris der eigenen politischen Handlungen wahrnahm. Die radikaldemokratische Politik und der Ausbau des athenischen Bündnissystems wurden von den Kritikern als skrupellose Maschinerie angesehen, die nur dazu diente, die eigene Macht auf Kosten anderer auszubauen. Und auch in Rom wurde die Antoninische Pest als Strafe der Götter für die römische Plünderung des Apollon-Tempels von Ktesiphon (= Hauptstadt des Partherreichs) angesehen.

Es ist also kaum verwunderlich, dass auch heute inmitten der Coronavirus-Krise allenthalben die Frage nach dem moralisierenden »Warum?« diskutiert wird. Zwar bleibt das Element der unmittelbaren göttlichen Strafe für individuelle sittliche Verfehlungen auf kleinere religiöse Zirkel beschränkt. Zu nennen sind etwa der auch im Westen einflußreiche radikal-muslimische Diskurs vom Coronavirus als der Strafe Allahs für die Sünden der abendländischen »Kreuzfahrernationen« oder die Uiguren-Verfolgungen der chinesischen »Polytheisten«.

Im Westen begegnet man dagegen zunehmend dem Denkmuster, wir hätten es hier mit einer Reaktion der Natur auf die schier groteske Überheblichkeit des modernen Menschen zu tun, der irrigerweise glaubt, die gesamte Schöpfung beherrschen zu können. Die Seuche selbst erscheint dabei als nahezu beliebiger Auslöser einer Krise, die sich bereits seit Jahren, ja Jahrzehnten vorbereitet hat. Folglich wird in politischen Kreisen und in den Leitmedien die Frage nach der »post-Corona-Welt« regelmäßig mit der Forderung einer »neuen Normalität« verknüpft. Diese müsse sich irgendwie durch größeren Respekt für Mitmenschen und Umwelt kennzeichnen. Dieser lobenswerte Vorsatz bedient sich der impliziten psychologischen Verknüpfung zwischen Pandemie und einer (wie auch immer gearteten) kollektiven Verfehlung. Das Narrativ der »Strafe« wird von der Seuche bedient. Es bezeichnend, dass gegenwärtig vor allem der ökologische Diskurs den Platz der vorher religiösen Argumentation übernommen hat.

Die Suche nach dem Sündenbock

Während das Motiv der Seuche als Strafe für die eigene Sünde die Schuld beim Individuum sucht, kann die Verantwortung auch auf andere übertragen werden. Dies hat zur Folge, dass der eigene Lebenswandel nicht in Frage gestellt werden muss. Obendrein birgt dies die Möglichkeit, durch Verfolgung bzw. Austreibung die Seuche selbst zu beseitigen.

Auch diese Denkfigur begleitet die Menschheit seit Jahrtausenden. Erinnert sei an die biblische Tradition, der zufolge am jährlichen Jom Kippur (= dem jüdischen Versöhnungstag) der Hohepriester die kollektiven Sünden Israels öffentlich vor dem Volk bekanntmachte. Dabei wurde ein Ziegenbock unter der Aufsicht eines Priesters in die Wildnis getrieben, wo ihn die Strafe Gottes heimsuchen konnte. Bezeichnenderweise wurden die Tiere später von einer hohen Klippe außerhalb Jerusalems gestürzt, um eine versehentliche Rückkehr in die Stadt auszuschließen. Die nicht nur im Alten Orient weitverbreitete Sitte, die eigene (kollektive oder individuelle) Schuld symbolisch einem anderen Lebewesen aufzulasten, ist eng mit dem Opfergedanken und somit letztlich auch der Selbstopferung Christi verbunden. Während hierbei aber die Übertragung von der eigenen zur Schuld des anderen symbolischer Art blieb, lag in Gesellschaften, welche Seuchen und sonstige Katastrophen vor allem moralisch deuteten, der Reflex nahe, die Schuld auch konkret bei anderen zu vermuten. Hierbei boten sich mehrere Möglichkeiten an.

Zum einen ließen sich ohnehin bereits gesellschaftlich ausgeschlossene bzw. marginale Gruppen als »Schuldige« ausmachen. In der Antike können etwa die Christen als Beispiel angeführt werden, welche nach dem Neronischen Brand Roms der Täterschaft beschuldigt und im Zirkus den wilden Tieren vorgeworfen wurden. Dabei wird im Bericht des Tacitus nur wenig Unterschied zwischen der unmittelbaren Täterschaft und einer mittelbaren Schuld gemacht. Auch die Antoninische Pest darf man möglicherweise mit Christenverfolgungen in Beziehung setzen. Aber am offensichtlichsten wird die Schuldzuweisung an eine Randgruppe bei den mittelalterlichen Pestausbrüchen, welche geradezu routiniert den Juden angelastet wurden und regelmäßig zu grässlichen Pogromen führten.

Auch hier sind die Parallelen zur Gegenwart offensichtlich. In Somalia, Uganda und Burkina Faso wird Berichten von Organisationen wie »Open Doors« zufolge christlichen Minderheiten explizit die Schuld an der Corona-Krise zugeschoben. Gleichzeitig wird dies zum Anlass genommen, die jeweilige Minderheit zu verfolgen. Durchaus vergleichbare Denkstrukturen zeigten sich aber auch in verschiedenen europäischen Ländern, als es zu Aggressionen gegen Chinesen kam, denen die Schuld an der Einschleppung der Pandemie nach Europa gegeben wurde. Ansätze einer »Tribalisierung« der Krisenbewältigung ließen sich ebenfalls nachweisen, als es etwa in Frankreich aus innen- und sicherheitspolitischen Gründen zu der Entscheidung kam, die Durchsetzung der Quarantäneregeln in den »Problemvierteln« der Großstädte nicht in demselben Maße zu prüfen wie anderswo im Land – ein Entschluss, der bis heute für böses Blut sorgt.

Zum anderen konnten Seuchen aber auch einzelnen Individuen angelastet werden, welchen eine unmittelbare persönliche Schuld an der Verbreitung der Krankheit zugeschrieben wurde. So kursierte während der Antoninischen Pest das Gerücht, einzelne Personen bemühten sich, aus der Situation Vorteile zu ziehen, indem sie Menschen heimlich mit kleinen, in Seuchenerreger getunkten Nadeln stachen, um so die Krankheit zu übertragen und von ihrem Tod (in welcher Weise auch immer) zu profitieren. Dass solche Berichte nicht immer ganz aus der Luft gegriffen sein müssen, zeigt etwa ein aus einem völlig anderen Kontext stammender Briefwechsel vom Juni 1763. Demnach hatten die Europäer einer Delegation der Lenni-Lenape-Indianer bewusst zwei Decken und ein Taschentuch aus dem Hospital des belagerten Fort Pitt gegeben, wo die Pocken wüteten.

Auch hier liegen die Parallelen zur Gegenwart und den verschiedensten, überall in Medien und Internet kursierenden Theorien nahe, welche die Schuld am Covid-19-Ausbruch wahlweise amerikanischen, chinesischen, russischen Geheimdiensten oder einflussreichen Persönlichkeiten wie etwa Bill Gates zuschreiben. Alle diejenigen, die in irgendeiner Weise als »Gewinner« der Krise angesehen werden können, werden aufgrund psychologischer Verkürzung auch als Verursacher betrachtet. Damit geht eine oft bedenkliche Personalisierung der Pandemieursachen einher. Damit ist jedoch nicht ausgeschlossen, dass einzelne Staaten, Gruppen oder Individuen bewusst Kapital aus der Krise schlagen können und auch den Verlauf zu beeinflussen trachten.

Der Kampf gegen die Seuche

Neben der Entsühnung der eigenen Sünden und der Ausweisung von Sündenböcken standen aber auch in der Vergangenheit bereits andere, aus einer materialistischen Perspektive »rationellere« Mittel zur Bekämpfung einer Seuche zur Verfügung.

Die Abriegelung des eigenen Herrschaftsgebietes war eine erste, logische Maßnahme, um Kontakt mit von der Krankheit betroffenen Territorien zu verhindern. Diese altbewährte Taktik wurde beispielsweise bereits von Marc Aurel angewandt, der versuchte, Italien während der Antoninischen Pest abzuriegeln. Und auch König Kasimir III. (1310–1370) verordnete vor dem Hintergrund des »Schwarzen Todes« die Grenzschließung Polens: Seiner Maßnahme verdankte das Land, weitgehend unbeschadet der Pest entgangen zu sein. Wahrscheinlich erklärt diese historische Erfahrung die schnelle und harte polnische Grenzschließung im Jahre 2020. Und in der Tat scheint auch diese Maßnahme von ähnlichem Erfolg gekrönt zu sein, denn in Polen sind die Zahlen von Covid-19-Erkrankungen (bislang) auffällig niedrig.

Neben der Isolierung der Krankheit durch Schließung der Grenzen wurde in der Vergangenheit gleichzeitig oft auch eine Isolierung der Kranken selbst veranlasst. Diese wurden in eigens errichtete Krankenhäuser oder Quarantäneanlagen gesperrt Man denke etwa an den Tempel des Heilgottes Aesculap auf der Tiberinsel in Rom mit angeschlossener medizinischer Anlage oder an die unter Marc Aurel belegten Quarantäne-Lager mit ausgedehnten Thermalbereichen für die von der Antoninischen Pest befallenen Truppen. Diese Anlagen wurden aus Anlass einer grassierenden Seuche errichtet und stellen offensichtliche Vorläufer der in Wuhan wie auch anderswo eigens errichteten Coronavirus-Krankenhäuser dar.

Seuchen stellten aber auch seit jeher ein großes Risiko für das jeweilige Wirtschaftsleben dar. Versuche der Wirtschaftssteuerung im Kontext von Katastrophen findet man etwa, als nach dem Ausbruch des Vesuvs 79 n. Chr. ein Stadtbrand und schließlich eine schwere Seuche ausbrach. Titus, der damals regierende Kaiser, reagierte in dieser Situation überaus offensiv und entschied, dass das Vermögen der beim Ausbruch des Vesuvs ohne Erben Umgekommenen zur Wiederherstellung der heimgesuchten Städte eingezogen werden sollte, verkaufte nach dem Brand von Rom eigenes Gut, um öffentliche Gebäude wiederherzustellen und »ließ kein Mittel der Religion und Arzneiwissenschaft unversucht, indem er alle Arten von Sühneopfern und Heilmitteln anwandte«, wie Sueton (Historiker 2. Jahrhundert n. Chr.) schrieb.

Nachdem die Antoninische Pest den damals schwunghaften Handel mit dem Süden Indiens fast ganz zum Erliegen gebracht hatte und die eben aufgenommenen Beziehungen zum chinesischen Reich zu einem vorzeitigen Ende gekommen waren, brach eine schwere Wirtschaftskrise im Römischen Reich an, von deren Folgen es sich nie mehr ganz erholen sollte. Kurze Zeit später, 250–271 n. Chr., brach die Seuche in Gestalt der Cyprianischen

Pest nämlich erneut aus. Dabei lassen sich klare Interdependenzen zwischen den Pestepidemien, hieraus folgenden Inflationen, der Verringerung des Silbergehalts in der römischen Münzprägung zur Deckung der gestiegenen Kosten und schließlich der Hortung höherwertiger älterer Prägungen durch die Bürger beobachten. Vor dem Hintergrund dieses Teufelskreises vermochte das römische Reich dem gleichzeitig stetig steigenden Druck auf die Außengrenzen nur durch zwangsstaatliche Maßnahmen zu begegnen. Im Jahr 301 n. Chr. erließ Kaiser Diokletian ein Höchstpreisdikt, welches die damals grassierende Inflation zu bremsen suchte, indem für jedes Produkt ein Höchstpreis festgelegt wurde. Diese und ähnliche Maßnahmen trachteten die bis dato freie durch eine zunehmend staatsgesteuerte Wirtschaft abzulösen.

Auch hier lassen sich zumindest formal kaum Unterschiede zur Bandbreite der gegenwärtigen Maßnahmen erkennen: Sondersteuern, Zusammenbruch von internationalen Lieferketten, Inflation, direkte und indirekte Geldschöpfung, künstliche Preisfixierung, der Versuch, private Großzügigkeit öffentlichkeitswirksam zu inszenieren – blickt man in die Geschichte, findet sich wenig Neues unter der Sonne.

Die Konsequenzen

Inwieweit lassen sich nun aus den oben beschriebenen Parallelen »Lehren« für die Gegenwart ziehen? Es ist sicherlich noch zu früh, langfristige Prognosen wagen zu können, zumal die Schwere der Covid-19-Seuche doch kaum mit derjenigen der oben aufgezählten Beispiele verglichen werden kann. Trotzdem wollen wir, gestützt auf historische Vorbilder, einige allgemeine Überlegungen wagen.

Im Bereich der Wirtschaft ist es vor allem der Umgang des Römischen Reichs mit den Kollateralschäden der Pest, welcher interessante Perspektiven eröffnet. So erinnert die Interaktion zwischen Seuche, Wirtschaftskrise und Staatsinterventionismus an aktuelle Bemühungen. Dabei zeigt sich, dass »Ausnahmegesetze« seit jeher die Gefahr bergen, sich zu dauerhaften Zuständen zu verfestigen. So dauern »vorübergehend« eingesetzte Maßnahmen zur Bekämpfung der Eurokrise ab 2010 (etwa Bankenrettung, Geldschöpfung und Niedrig- bzw. gar Negativzinsen) bis heute an. Daran ist zu erkennen, dass zwar die akuten Symptome, nicht aber die eigentlichen Ursachen der Krise bekämpft wurden. Daher ist die europäische Wirtschaft gefährdeter denn je, da sie den Kampf mit der anstehenden Corona-Krise in bereits angeschlagenem Zustand aufnimmt.

Die durch die monatelange Quarantäne der gesamten europäischen Bevölkerung anfallenden wirtschaftlichen Verluste sollen nunmehr durch weitere Aufnahme von Schulden ausgeglichen werden – genauso, wie im römischen Reich durch die Verschlechterung der Münzen. Und wie damals wird die Rückzahlung der Schulden direkt oder indirekt vergesellschaftet – sei es durch höhere Steuern, sei es durch niedrigere Zinsen, sei es durch Preissteigerungen. Und wie in der Antike wird ein Höchstpreisedikt kaum helfen, da es sich durch Schwarzmarkt, Edelmetallhortung und andere Tausch- und Wertbewahrungssysteme umgehen lässt.

Allerdings dürften zwangsstaatliche Maßnahmen mittelfristig massive politische Folgen haben, da davon auszugehen ist, dass das Vertrauen der Bevölkerung in ihre politische Elite in dem Maße sinkt, wie offenbar wird, dass die Bewältigung der Krise größtenteils auf den Rücken der Mittelschicht abgewälzt wurde, wobei die Maßnahmen gleichzeitig einen zunehmenden Verlust der persönlichen Freiheiten nach sich ziehen. Als Folge dürfte die Attraktivität populistischer Versprechungen in den nächsten Monaten und Jahren noch steigen – und damit wird auch der innere Zusammenhalt einer ohnehin polarisierten Gesellschaft weiter geschwächt werden.

Doch auch die psychologischen Auswirkungen der Krise wird man nicht vernachlässigen dürfen. Schon in den historischen Gesellschaften sieht man hier eine doppelte Entwicklung. Zum einen bewirkt das Gefühl der hilflosen Auslieferung an das Schicksal eine gewisse Enthemmung, welche etwa aus den von der Pest betroffenen Gesellschaften des Mittelalters gut überliefert ist. Wer den Eindruck hat, nichts mehr zu verlieren zu haben, schert sich nicht um soziale Konventionen und begeht Handlungen, welche für die Kohäsion einer Gesellschaft fatal sind. »Coronaparties« sind möglicherweise nur erste Symptome einer solchen Enthemmung, die sich in den nächsten Jahren durchaus auch auf andere Felder (etwa Politik) übertragen könnten.

Zum anderen finden wir auch die entgegengesetzte Entwicklung. Denn die Erfahrung von Tod und Krankheit kann auch den Wunsch zu Umkehr, Buße und strenger Sittlichkeit zur Folge haben. Dies lehrt uns die mittelalterliche Bewegung der Flagellanten (= Geißler). Diese Umkehrbewegung bezog ihre Kraft aus dem offensichtlichen Versagen der etablierten Institutionen – allen voran der Kirche. Von ihr profitierten eher die »alternativen« geistigen Bewegungen, wie die zahlreichen spätmittelalterlichen reformatorischen Gruppen. Auch heute könnte das Verhalten der Kirche in der Krise zu einer Radikalisierung der Positionen und Abspaltungen mit nachhaltigen Folgen führen.

Auch im Bereich technischer Transformation kann sich die Krise niederschlagen. Im Mittelalter führte etwa der enorme demographische Aderlass zur Motivation, fehlende menschliche Arbeitskraft durch technische Hilfsmittel zu ersetzen. Zu nennen sind nicht nur die vermehrte Anwendung von Wasser- und Windmühlen, sondern auch die Entwicklung des Buchdrucks als Ersatz für die fehlenden Kopisten. Zwar sind die demographischen Verluste im modernen Europa nicht ansatzweise mit denen der »Schwarzen Pest« vergleichbar, doch indirekt zeigt sich jetzt schon, dass die Covid-19-Pandemie mit den daraus resultierenden Kontaktbeschränkungen einen wahren Dammbruch im Bereich der Digitalisierung und Robotisierung darstellt. Die monatelangen, quarantänebedingten Kontaktbeschränkungen haben zur systematischen Anwendung von Technologien geführt, die schon vor der Krise vorhanden waren. Dabei stehen wir sicherlich erst am Anfang einer Entwicklung, welche nicht nur Arbeitstechniken betrifft, sondern auch bedenklichere Bereiche wie die digitale Überwachungstechnik, die sich aus dem Wunsch eines besseren »Tracing« der Menschen und ihrer Kontakte mit potentiell vom Virus betroffenen Mitbürgern ergeben könnten. Dies könnte gerade für die Verfechter des Transhumanismus mit ihrer positiven Haltung gegenüber einer »Verbesserung« des Menschen ein willkommenes Einfallstor bieten, etwa durch eine Banalisierung hochproblematischer Techniken wie Chipimplantate oder Nanopartikelimpfung.

Ursachen, Verlauf und Konsequenzen der Covid-19-Krise stellen also aus der Perspektive der historischen Komparatistik keine wirkliche Ausnahme in der Weltgeschichte dar, sondern weisen vielmehr zahlreiche Züge auf, die wir auch aus anderen Zeiten und Zivilisationen kennen. Ob sich die bekannten Muster und Reflexe mittel- oder langfristig positiv oder negativ auf die betroffenen Gebiete auswirken werden, muss die Zukunft zeigen. Schon jetzt aber lässt sich sagen, dass das wichtigste Alleinstellungsmerkmal der Coronavirus-Pandemie im welthistorischen Vergleich mit so desaströsen Seuchen wie der Antoninischen Pest, dem »Schwarzen Tod« oder der Spanischen Grippe sicherlich darin liegt, dass es bislang wohl kaum eine Seuche gegeben hat, deren kurzfristig zu erwartenden, überaus bedenklichen Auswirkungen in einem solchen Missverhältnis zu ihrem (bislang) insgesamt doch recht beschränkten Ausmaß gestanden haben.

Literatur

WHO World Health Organization (online 2020): WHO Coronavirus Disease (COVID-19) Dashboard: Data Last Updated July 26th, 2020: https://covid19.who.int/ (Zugriff am 26.07.2020).

Corona: Medizinische, epidemiologische und Public-health-Aspekte

Timo Ulrichs

Die Coronapandemie ist ein Ereignis, das von vielen Wissenschaftlerinnen und Wissenschaftlern, die sich mit globaler Gesundheit beschäftigen, stets befürchtet wurde: eine Pandemie, ausgelöst durch einen zuvor weitgehend unbekannten Erreger, gegen den keinerlei Immunität in der Weltbevölkerung vorhanden ist. »The big one« wurde allerdings immer aus der Ecke der Influenzaviren befürchtet, denn immerhin gab es im 20. Jahrhundert bereits drei größere durch Influenzaviren ausgelöste Pandemien, die Spanische Grippe 1918/19, die Asiatische Grippe 1957 und die Hongkong-Grippe 1968

(Spinney 2020; vgl. den Beitrag von David Engels). Als sich ein neues Influenzavirus 2009 im mexikanisch-US-amerikanischen Grenzgebiet ausbreitete und auch noch über dieselben Oberflächenantigene verfügte wie weiland das Virus der Spanischen Grippe, wurde dies bereits als eine neue große Grippepandemie angesehen. Diese »Neue Influenza H1N1« oder schlicht »Schweinegrippe« genannte Pandemie verlief allerdings sehr milde und hatte sogar eine geringere Letalität als eine durchschnittliche saisonale Influenza in Europa. Die Maßnahmen in Erwartung einer schlimmen Pandemie wurden damals ergriffen, immer auf der Basis der jeweils verfügbaren Daten, und am Ende erwiesen sich viele dieser Maßnahmen als Überreaktion, und Deutschland musste Jahre später die angeschafften Impfstoffdosen gegen die Schweinegrippe vernichten lassen, weil sie 2009/10 nicht benötigt wurden. Der Ausgang der Schweinegrippe war glücklich und hat uns mit dem trügerischen Sicherheitsgefühl zurückgelassen, gegen weitere Ereignisse dieser Art gut vorbereitet zu sein. Ein Pandemieszenario mit einer detaillierten Risikoanalyse im Bevölkerungsschutz und mit der Annahme eines SARS-ähnlichen Coronavirus aus den Jahren 2012/13 wurde im Nachgang zur Schweinegrippe erstellt und dem Deutschen Bundestag vorgelegt, dort aber lediglich zur Kenntnis genommen (Drucksache 17/12051 des Deutschen Bundestags vom 03.01.2013). Heute wissen wir, dass viele Vorschläge aus dem Pandemieszenario hilfreich gewesen wären, um bereits in der Anfangsphase bei der Bekämpfung des Virus effektiver zu sein.

Auch in der Coronapandemie ist die Datenlage in den verschiedenen Phasen der Virusausbreitung eher dünn, und viele Entscheidungen mussten und müssen getroffen werden ohne genaue Kenntnis der Zusammenhänge und v. a. ohne Möglichkeit, die weitere Entwicklung abschätzen zu können. Im folgenden Kapitel werden die vorliegenden Erkenntnisse zu SARS-CoV2 und der Erkrankung Covid-19 zusammengestellt und aus medizinischer, gesundheitswissenschaftlicher und epidemiologischer Sicht beurteilt. Es kann sehr gut sein, dass diese Beurteilung in der Zeit nach der Pandemie revidiert werden muss, sie basiert auf der gegenwärtig verfügbaren

Faktenlage mitten in der Pandemie (Mai 2020). Es handelt sich bei dieser Zusammenstellung also um eine Einschätzung der Coronapandemie mitten in derselben für die Zeit danach.

Woher kommt das neue Coronavirus eigentlich?

Um die Dynamik der Virusausbreitung und des Pandemiegeschehens insgesamt richtig einschätzen zu können, sind neben aktuellen epidemiologischen Zahlen auch Erkenntnisse über den Ursprung des neuen Coronavirus' wichtig. Dazu gibt es verschiedene Theorien. Ein Lebendtiermarkt im chinesischen Wuhan wurde in der Anfangsphase der Pandemie verdächtigt, Ort der ersten Übertragung vom Tier auf den Menschen gewesen zu sein und danach von Mensch zu Mensch. Ein enger räumlicher Kontakt zwischen Wildtieren und Menschen kann in der Tat einen Übergang von bisher unbekannten Erregern auf den Menschen (sogenannte Zoonosen) befördern. Genetische Analysen der Virusisolate aus chinesischen Covid-19-Patienten ergaben jedoch, dass der Ort eines solchen zoonotischen Übergangs in chinesischen Nachbarprovinzen, in denen Zibetkatzen und Marderhunde gezüchtet werden, anzunehmen ist. Auch hier besteht ein enger räumlicher Kontakt, der ein Überspringen von Erregern begünstigt (Xia 2020). Weil die ersten Berichte über Covid-19 jedoch aus Wuhan kamen, und sich dort auch ein virologisches Forschungslabor befindet, in dem Coronaviren aus dem Tierreservoir, besonders von Fledermäusen, untersucht werden, kam schon bald der Verdacht auf, das neue Coronavirus sei durch einen Unfall oder gar absichtlich aus diesem Labor freigesetzt worden. Die Untersuchungen des Genoms des neuen Coronavirus SARS-CoV2 ergeben jedoch keinen Anhalt für eine molekularbiologische Manipulation, und es ist auch angesichts der Virusausbreitung und der Sicherheitsstandards in virologischen Forschungslaboren nicht logisch anzunehmen, chinesische Wissenschaftler oder Politiker wären am Ursprung dieser Ausbreitung ursächlich beteiligt gewesen, absichtlich oder unabsichtlich.

Höchstwahrscheinlich ist hingegen ein Übergang vom Tier auf den Menschen und eine rasche Ausbreitung in der menschlichen Population, weil in dieser bisher keinerlei Immunität vorlag. Diese Übergänge bisher unbekannter Erreger bzw. ihre massive Ausbreitung im Menschen traten in den letzten Jahren häufiger auf, und es ist naheliegend anzunehmen, dass die Zerstörung der Lebensräume derjenigen Tiere ursächlich dafür ist, die bisher den Erregern als Reservoir dienten. Ein gutes Beispiel dafür ist das Auftreten des Ebolavirus' in Westafrika in den Jahren 2014 bis 2016. Bis dahin gab es immer wieder Ausbrüche dieses Virus im Inneren des Kongo. Das verursachte hämorrhagische Fieber hat eine hohe Letalität, und meistens hat sich der regionale Ebolaausbruch selbst ausgelöscht, indem alle Infizierten und Erkrankten schnell verstorben waren und das Virus nicht weitertragen konnten. Umso mehr war die WHO überrascht, als Ebola in Westafrika auftrat und sich in der Grenzregion von Guinea, Sierra Leone und Liberia rasch ausbreiten konnte. Wie wir heute wissen, wurde die dem Ebolavirus als Reservoir dienende Fruchtfledermaus durch Bergbau und Industrieansiedlung in Regenwaldgebieten des Kongo von dort vertrieben und ist nach Nordwesten ausgewichen. Nur mit Mühe und unter Einsatz vieler Ressourcen und internationaler Kooperation gelang es 2016, den Ebolaausbruch einzudämmen. Es ist anzunehmen, dass außer Ebola und SARS-CoV2 noch viel mehr Erreger im Tierreservoir vorhanden sind, die sich pandemieartig ausbreiten könnten (Han 2015), und eine Lehre aus Ebolaausbruch und Coronapandemie sollte sein,

a) Zoonosen besser zu untersuchen und präventive Strategien zu entwickeln, einen Übergang dieser Erreger auf den Menschen zu verhindern oder zu minimieren (Onehealth-Ansatz), sowie
b) die Lebensräume von Wildtieren zu erhalten bzw. zu schonen.

Welche medizinischen Erkenntnisse gibt es zum Verlauf der Erkrankung Covid-19?

Anders als SARS-CoV1 infiziert das aktuelle SARS-CoV2 vornehmlich Zellen der Rachenschleimhaut und erst im nächsten Schritt Lungenzellen. Häufig verbleibt das Virus im Rachenraum und steigt nicht in die Lunge ab, sodass die Infektion auch nicht in eine Lungenerkrankung mündet, sondern nur mit leichten Erkältungssymptomen einhergeht oder sogar völlig unbemerkt bleibt. Nur in der Racheninfektionsphase ist das Virus für einen Rachenabstrich und nachfolgenden Virustest zugänglich. Befällt das Virus auch Lungengewebe, entsteht die Covid-19-Erkrankung (Coronavirus-infectious disease, 2019), und es können sich Krankheitssymptome einer schweren Lungenerkrankung entwickeln mit Husten, Atemnot und Sauerstoffunterversorgung. Auffällig bei der Lungenfunktionseinschränkung ist die Beobachtung, dass viele Patienten diese Einschränkung eher kaum wahrnehmen, bis eine Beatmung notwendig wird (Huang et al. 2020, 497–506; Wang D. et al. 2020). Als weiteres Symptom wurde der zeitweise Verlust des Geruchssinns beschrieben. Die Notwendigkeit einer Beatmung kann sehr lange dauern, und es hängt sehr stark von der apparativen und personellen Ausstattung der jeweiligen Intensivstation ab, wie die Patienten durch diese Phase kommen. Sowohl im Lungengewebe als auch in anderen Organen können im Rahmen von Covid-19 multiple Entzündungsherde auftreten, die in ein Multiorganversagen münden. Dabei spielt wohl der Virusbefall der die Blutgefäße auskleidenden Endothelzellen eine entscheidende Rolle (Varga et al. 2020). Außerdem wird in einigen Patienten eine lokale Aktivierung des Gerinnungssystems beobachtet, was zusätzliche Organschädigungen auslösen kann.

Erkenntnisse und Einsichten in den klinischen Verlauf und die Organ- und Gewebsschädigungen liefern v. a. Obduktionen von Menschen, die an oder mit dem Coronavirus verstorben sind. Das

Robert Koch-Institut (RKI) riet lange Zeit von Obduktionen ab, da es die Virusübertragung bei diesen Tätigkeiten als sehr hoch einschätzte. Die oben beschriebenen – keinesfalls endgültigen oder vollständigen – Erkenntnisse lassen erkennen, dass SARS-CoV2 ein hohes Potential hat, krank zu machen und zu töten, und keineswegs durch den Vergleich mit leicht verlaufenden Grippe-Saisons verharmlost werden sollte (Püschel/Äpfelbacher 2020).

Je höher die Altersgruppe, desto höher ist die Wahrscheinlichkeit für einen schweren Verlauf und für den Tod durch Covid-19. Aber auch Jüngere können durchaus betroffen werden, wie v. a. die Zahlen aus den USA belegen. Das Phänomen multipler Entzündungen bei Kindern (Kawasaki-Syndrom) tritt in der Coronapandemie gehäuft auf – ein Zusammenhang mit einer SARS-CoV2-Infektion muss erst noch untersucht werden (Verdoni et al. 2020).

Die Behandlung erfolgt grundsätzlich symptomatisch, da es keine Mittel zur direkten Bekämpfung des Virus im Wirtsorganismus gibt. Sie ist darauf ausgelegt, die direkten Folgen der Virusinfektion von körpereigenen Zellen abzumildern, aber auch die indirekten, durch das eigene Immunsystem hervorgerufenen Kollateralschäden. Da es nur sehr wenige Angriffspunkte für direkte virustatische oder gar viruzide Medikamente gibt, werden parallel zur Grundversorgung von Covid-19-Patienten in verschiedenen betroffenen Ländern in klinischen Studien Medikamente getestet, die möglicherweise helfen könnten, die klinischen Verläufe von Covid-19-Patienten abzumildern (eine Übersicht zu aktuellen Empfehlungen liefert die Arzneimittelkommission der deutschen Ärzteschaft. In diesen multizentrischen mehrarmigen klinischen Studien werden folgende Medikamente getestet:

- Remdesivir, ein Virustatikum, das eigentlich zur Bekämpfung der Ebola-Epidemie in Westafrika entwickelt wurde und gegen das Virus-Enzym RNA-Polymerase gerichtet ist. Erste Zwischenergebnisse lassen einen leichten Effekt zur Verkürzung der Krankheitsdauer erkennen (Wang Y. et al. 2020).

- Verschiedene HIV-Medikamente, von denen man sich auch einen positiven Effekt auf den Krankheitsverlauf erhofft.
- Cortison, das die Kollateralschäden eines über die Maßen durch Covid-19 aktivierten Immunsystems mindern solle, die sich aber als nicht hilfreich erwiesen.
- Chloroquin, ein Malariamedikament, über dessen positive Effekte auf den Verlauf von Covid-19 viel spekuliert wurde (auch von Präsident Trump), das sich aber in klinischen Studien nicht bewährt hat, sondern im Gegenteil eher nachteilige Effekte auf den Krankheitsverlauf hatte.

Diese klinischen Studien laufen mit Hochdruck und unter der Leitung bzw. Beteiligung entweder der World Health Organization (WHO) und/oder verschiedener Länder in Europa, v. a. Großbritannien, Frankreich und Deutschland. Es ist jedoch kein Medikamentenkandidat in Sicht, der in der Behandlung die Krankheitsdauer sicher und nachhaltig verkürzen und/oder den Tod durch Covid-19 sicher verhindern kann (eine Übersicht findet sich in https://www.vfa.de/de/arzneimittel-forschung/woran-wir-forschen/therapeutische-medikamente-gegen-die-coronavirusinfektion-covid-19; zuletzt abgerufen am 18.05.20).

Insgesamt lassen die Einblicke in Pathogenese, Klinik und Therapieoptionen von Covid-19 bisher folgende Schlüsse zu:

a) Die Unterscheidung zwischen Infektion und Erkrankung machen die Eindämmung der Virusausbreitung durch Public-health-Maßnahmen sehr aufwendig (s. u.).
b) Das neue Coronavirus SARS-CoV2 hat hohes Potential krankzumachen und zu töten, v. a. dann, wenn die (intensivmedizinischen) Kapazitäten des jeweiligen Gesundheitssystems überschritten werden, wie z. B. in den USA, in Italien und in Spanien.
c) Es gibt bisher unverstandene Faktoren, die ein Absteigen des Virus vom Rachen in die Lunge begünstigen, den dortigen Infektions- und Krankheitsprozess fördern und auch eine Ausbreitung über das Blutgefäßsystem in andere Organe ermöglichen.

d) Die Suche nach effektiven Medikamenten zur Behandlung von Covid-19 ist schwierig, da Viren im Gegensatz zu Bakterien generell schwerer medikamentös angreifbar sind und im speziellen Fall SARS-CoV2 nicht genügend Informationen über mögliche Angriffspunkte in der Virusreplikation vorliegen.
e) Deswegen sind Public-health-Maßnahmen das Mittel der Wahl zur Pandemiebekämpfung und Prävention von Covid-19.

Welche Maßnahmen zur Pandemiebekämpfung waren und sind sinnvoll?

Wir wissen vom neuen Coronavirus SARS-CoV2, dass es im Gegensatz zu seinem Vorgänger SARS-CoV1, das 2002 den SARS-Ausbruch in Ostasien verursacht hat, nicht alle Infizierten auch krankmacht. Es muss also deutlich unterschieden werden zwischen der Infektion mit SARS-CoV2 und der Erkrankung Covid-19. Während Erkrankte leicht zu erkennen sind (auch wenn die Abgrenzung der Symptomatik zu der anderer Atemwegsinfektionen schwierig ist), sind symptomlose Virusträger schwer bis gar nicht zu identifizieren. 2002 konnte der SARS-Ausbruch erfolgreich eingedämmt werden, weil die Nachverfolgung der Übertragungswege zu Beginn des Ausbruches gelang und Infizierte/Erkrankte sofort isoliert und behandelt werden konnten. In der Coronapandemie von 2020 ist diese Identifizierung leider nicht über die Symptome und Beschwerden möglich, sie erfolgt über einen Virustest, also den Nachweis viraler RNA im Rachenabstrich. Und weil die Testkapazitäten beschränkt sind, wurden klare Indikationen für eine Testung festgelegt: Rückkehr aus einem Hochrisikogebiet (zu Beginn der Pandemie), Kontakt zu einem Infizierten/Erkrankten oder typische Symptome von Covid-19 (s. o.). Diese Indikationen lassen zwar eine Nachverfolgung und Detektion potentiell Gefährdeter zu, allerdings geben sie keine

Einsicht in die tatsächliche und jeweils aktuelle Infektionssituation in einer Population. Die Zahlen positiv Getesteter (und an das RKI Gemeldeter) hängt also nicht nur von der Virusausbreitung ab, sondern auch von den Testkapazitäten und der jeweiligen Entscheidung, wer getestet wird und wer nicht. Es ist also davon auszugehen, dass zu jedem Zeitpunkt der Virusausbreitung in Deutschland eine Dunkelziffer nicht erkannter Infizierter vorhanden war und ist. Wenn ab einer bestimmten Anzahl Neuinfizierter pro Zeiteinheit die Nachverfolgung ihrer Kontakte (und der Kontakte der Kontakte) nicht mehr möglich ist, müssen Maßnahmen ergriffen werden, die Übertragungsrate des Virus in der deutschen Bevölkerung generell zu senken, d. h. Mensch-Mensch-Kontakte auf ein Minimum zu reduzieren (Nussbaumer-Streit et al. 2020). Im Gegensatz zu anderen Ländern wie Frankreich und Spanien hat sich Deutschland dafür entschieden, die Senkung der Übertragungsrate durch Verhängung einer weitgehenden Kontaktsperre zu erreichen und nicht durch eine generelle Ausgangssperre.

Am wirkungsvollsten sind Maßnahmen zur Eindämmung der Virusübertragung, wenn sie so früh wie möglich begonnen werden. In Deutschland hat die Erkenntnis, SARS-CoV2 bereits im eigenen Lande zu haben, mit den ersten positiv Getesteten unter Reiserückkehrern aus Endemiegebieten in China, aber auch unter Teilnehmern einer Karnevalsveranstaltung im Kreis Heinsberg, recht schnell zu gesundheitspolitischem Handeln geführt. Die Absage von Großveranstaltungen erfolgte zwar erst nach zum Teil zähem Widerstand der Veranstalter (z. B. bei Bundesligaspielen), aber die Handlungsweisen zur Vermeidung von Mensch-zu-Mensch-Virusübertragungen wurde recht früh von der Bevölkerung selbst umgesetzt. So kam es dazu, dass die Reproduktionszahl R (sie gibt die durchschnittliche Zahl der Menschen an, die ein Virusträger infizieren kann) bereits vor Beginn der Kontaktsperre-Maßnahmen auf ca. 1,0 zurückging.

In Deutschland fallen sowohl Katastrophenschutz als auch der Bereich Gesundheit in die Verantwortung der 16 Bundesländer. Das bedeutet, dass die Bundesregierung nicht einfach Maßnahmen anordnen und zentralistisch die Bekämpfung der Coronaviruspandemie koordinieren kann. Die Abstimmung zwischen Bundes- und Landesebene bei Einsetzung der Maßnahmen zur Kontaktsperre mündete in eine bundesweit einheitliche Kontaktsperre (»Lockdown«), in deren Verlauf die Zahlen der Neuinfizierten (gemessen an den täglichen Zahlen der neu positiv Getesteten) kontinuierlich zurückgingen. Eine Schlüsselrolle kam und kommt dabei den Gesundheitsämtern auf Kreisebene zu, denn sie müssen die Infizierten und Erkrankten ggf. einer Behandlung zuweisen, v. a. aber die Kontaktpersonen neu positiv Getesteter identifizieren und in Quarantäne schicken und diese auch überprüfen. Und sie müssen die Meldedaten nachhalten und an die Landesgesundheitsämter schicken. Deshalb wurde die Vorgabe gemacht, dass die Gesundheitsämter zur Bewältigung der o. g. Aufgaben ihr Personal verstärken sollten, sodass ein Team aus fünf Personen pro 20 000 Einwohner des betreuten Landkreises verfügbar ist. Eine Umfrage von NDR und WDR unter allen Gesundheitsämtern ergab, dass nur wenige diese personellen Voraussetzungen erfüllen. Auch musste das RKI bei der regelmäßigen Bekanntgabe der neuen epidemiologischen Zahlen immer wieder darauf hinweisen, dass die Zahlen an Montagen ungenau seien, da viele Gesundheitsämter an den Wochenenden nicht oder nur eingeschränkt arbeiteten.

Die Public-health-Maßnahmen zur Pandemiebekämpfung (Kontaktsperre, Lockdown) bringen eine Vielzahl gesellschaftlicher, wirtschaftlicher und politischer Kollateral- und Folgeschäden mit sich, und diese müssen gut abgewogen werden gegen die Bedrohung durch die Pandemie selbst (vgl. hierzu die folgenden drei Beiträge). Auch gesundheitliche Auswirkungen des Lockdowns müssen bedacht werden: Operationen werden verschoben, Menschen kommen seltener in die Notaufnahmen und werden infolgedessen unzureichend versorgt. Neuropsychiatrische Erkrankungen können wegen der Kontaktsperre nicht mehr kontinuierlich und adäquat behandelt werden. Der Lockdown verursacht umgekehrt Isolation und Vereinsamung, möglicherweise auch eine Zunahme häuslicher Gewalt. Auch mögliche positive gesundheitliche Auswirkungen können registriert werden: weniger Straßenverkehrsunfälle, weniger Feinstaub, weniger Lärmbelastung etc.

Die kontinuierliche Abnahme der Neuinfiziertenzahlen auf deutlich weniger als 1 000 deutschlandweit und pro Tag soll die verbesserte Nachverfolgbarkeit von Kontakten ermöglichen (»contact tracing«), damit die Kontaktpersonen möglichst getestet und ggf. in Quarantäne geschickt werden können, um die Übertragungsketten zu durchbrechen. Grundvoraussetzung ist neben der ausreichenden personellen Ausstattung der zuständigen Gesundheitsämter auch eine ausreichende Testkapazität. Deutschland hat diese von Beginn an kontinuierlich ausgeweitet (auf bis zu eine Million Testungen pro Woche) und gehört zu den Ländern mit der höchsten Rate an Coronavirustesten weltweit.

Die Maßnahmen zur Bekämpfung der Coronapandemie in Deutschland lassen sich wie folgt beurteilen (Stand: Mai 2020):

a) Eine quantitative Beurteilung der Auswirkungen der Maßnahmen wurde anhand von Computersimulationen zur Virusausbreitung vorgenommen (Dehning et al. 2020). Danach konnte die Wachstumsrate der Virusausbreitung durch die Absage von Großveranstaltungen von 30 auf 12 % reduziert werden. Die Schließung von Schulen und Kitas drückte die Wachstumsrate von 12 auf 2 %, die generelle Kontaktsperre (im Lockdown) dann auf minus 3 % (eine Wachstumsrate von 0 entspricht der Reproduktionsrate von 1), also nach der Verlangsamung der Ausbreitung tatsächlich eine effektive Abnahme. D. h., alle Maßnahmen zusammengenommen waren effektiv und sinnvoll und trugen zusammen zur Viruseindämmung bei. Dabei ist entscheidend, zu welchem Zeitpunkt der Virusausbreitung sie eingesetzt werden. Nur wenige Tage Verzögerung können gemäß der Computersimulation ihre Effektivität entscheidend mindern (Nussbaumer-Streit et al. 2020).
b) Eine qualitative Bewertung der Maßnahmen muss notwendigerweise auch die Risikokommunikation miteinbeziehen. Die Maßnahmen in Deutschland zur Viruseindämmung wurden

von Anfang an transparent und verständlich kommuniziert, das stufenweise Einsetzen der Maßnahmen geschah in einer Weise, dass diese von der überwiegenden Mehrheit der Bevölkerung mitgetragen wurden. In der Phase abnehmender Neuinfiziertenzahlen wurden wieder vereinzelt Situationen einer lokalen Ausbreitung sichtbar, etwa in Schlachtbetrieben (bzw. in den Sammelunterkünften der osteuropäischen Gastarbeiter), in Unterkünften für Geflüchtete und in Alten- und Pflegeheimen. Maßnahmen zum Arbeitsschutz, aber auch zur lokalen Minimierung von Übertragungsrisiken tragen hier zu einer Verbesserung der Situation bei. Bei der Wiedereröffnung von Restaurants sowie dem Wiedereinsetzen von Gottesdiensten kam es vereinzelt zu lokalen Ausbrüchen, denen mit o. g. Maßnahmen begegnet wurde.

Wie entscheidend ist die Entwicklung eines Impfstoffes?

Ein schützender Impfstoff gegen SARS-CoV2 hätte das Potential, der Erkrankung Covid-19 den Schrecken zu nehmen und gleichzeitig der Pandemie ein (vorzeitiges) Ende zu bereiten. Deshalb werden große Anstrengungen weltweit unternommen, einen solchen Impfstoff zu entwickeln und zur Marktreife zu bringen. Die Voraussetzungen für die Entwicklung eines Impfstoffes sind gut: Das komplette Genom von SARS-CoV2 ist sequenziert, die Genprodukte auf der Virushülle sind bekannt, und es scheint, als seien diese nicht von Mutationen betroffen. Die Immunantwort gegen Viren besteht hauptsächlich in der Produktion neutralisierender Antikörper, die sich v. a. gegen die Antigene der Virushülle richten. Auf dieser Interaktion basieren die Strategien für die Entwicklung eines Impfstoffes. Dabei werden folgende Methoden unterschieden:

- Totimpfstoff: Das Virus wird im Labor vermehrt, abgetötet und als Ganzes als Wirkstoff in einem Impfstoff verwendet.
- Vektorviren: Einzelne, für Hüllproteine codierende Gene werden in Vektorviren eingeschleust, deren Interaktion mit dem menschlichen Wirtsorganismus harmlos ist (z. B. Adenoviren), die Vektorviren werden als Lebendimpfstoff eingesetzt.
- Subunit-Vakzine: Einzelne Hüllproteine werden gentechnisch im Labor hergestellt und als Wirkstoffe in einem Impfstoff verwendet.
- Messenger-RNA-Impfstoff: Die genetischen Baupläne für Hüllproteine werden direkt als Impfstoff appliziert; die Matrize mRNA wird von körpereigenen Zellen abgelesen und die Virushüllproteine werden dort selbst hergestellt und dem eigenen Immunsystem angeboten.

Während die ersten drei Methoden gut etabliert und bereits in verschiedenen Impfstoffen eingesetzt werden, ist die vierte, auf der mRNA einzelner Hüllproteine basierende Methode neu und noch nicht praktisch angewendet. Sie böte aber verschiedene Vorteile: sie ist schneller in der Entwicklung umzusetzen, die Impfstoffdosen sind schneller und einfacher herzustellen, zu lagern und zu verbreiten.

An einen Impfstoffkandidaten werden zwei Forderungen gestellt: Er muss sicher sein, d. h. seine Verabreichung darf weder schädigen noch krankmachen. Und er muss schützen – im Falle von SARS-CoV2 gegen die Infektion und/oder gegen den Ausbruch von Covid-19. D. h., seine Anwendung soll sowohl vor als auch nach der Exposition mit dem Coronavirus schützen. Die ersten Impfstoffkandidaten wurden bereits für die klinischen Studien zugelassen, und es besteht berechtigte Hoffnung (Stand Mai 2020), dass zu Beginn des Jahres 2021 einer oder mehrere Impfstoffe zur Verfügung stehen werden. Nichtregierungsorganisationen sind zu

Recht besorgt, dass diese Impfstoffe dann weltweit zuerst den reichen Industrieländern zugutekommen werden und nicht der gesamten Weltbevölkerung gleichermaßen. Daher ist die WHO aufgefordert sicherzustellen, dass alle Zugang zu schützenden Impfstoffen erhalten werden (vgl. die Themen der Weltgesundheitsversammlung WHA vom Mai 2020). In Deutschland werden nach den aktuell gültigen Pandemieplänen zuerst das medizinische Personal geimpft und danach Angehörige sämtlicher Risikogruppen, bevor der Impfstoff der gesamten übrigen Bevölkerung zur Verfügung gestellt werden wird. Wenn sich mehr als 70 % einer Population impfen lassen, kann eine Herdenimmunität hergestellt werden, d. h. das Virus kann sich von einem Virusträger nicht mehr in dessen Umgebung ausbreiten. Wenn sich allerdings in einigen Ländern diese Herdenimmunität infolge mangelnder Nachfrage nach dem Impfstoff oder Nichtverfügbarkeit des Impfstoffes nicht herstellen lässt, besteht die Gefahr, dass SARS-CoV2 nicht vollständig von der Erdoberfläche verschwindet, sondern seine Verbreitung weiter schwelt und bei nachlassender Immunität wieder ausbrechen kann. Immerhin scheinen eine durchgemachte Infektion oder eine Covid-19-Erkrankung eine Immunität hervorzurufen (auch wenn die Antikörperkonzentrationen im Blut der Genesenen sehr unterschiedlich ausfallen). Das muss natürlich auch für den neuen Impfstoff gelten, sodass dieser die Coronapandemie sicher beenden können wird.

Trotz aller Zuversicht ist es wichtig, die Public-health-Maßnahmen der Kontaktsperre sowie die Hygieneregeln nicht von der Entwicklung eines Impfstoffes abhängig zu machen bzw. sie daraufhin auszurichten. Vielmehr sollten sie so angelegt sein, als ob gar kein Impfstoff in Aussicht wäre, damit die Disziplin in der Bevölkerung nicht nachlässt und darüber hinaus die Neuinfiziertenzahlen möglichst dauerhaft gering bleiben bzw. abnehmen.

Wie wird die weitere Entwicklung aussehen – Skizze einer »neuen Normalität« – und wie die Zeit nach der Coronapandemie?

Lockerungen der Maßnahmen zur Hemmung der Virusübertragung in Deutschland mit der Übertragung der Verantwortung auf die 16 Bundesländer und weiter auf die Landkreise und Kommunen, Lockerungen in den europäischen Nachbarländern, die schrittweise Aufhebung der Reisebeschränkungen – alles dies konnte und kann geschehen, weil die epidemiologischen Zahlen weiter einen Rückgang der Virusausbreitung nahelegen. Doch je mehr Möglichkeiten für eine Übertragung des Virus wieder möglich werden, desto höher ist auch das Risiko einer zweiten Pandemiewelle, weltweit, aber auch in Deutschland. Pandemien, das legen die Erfahrungen mit den Influenzapandemien des 20. Jahrhunderts nahe (Spinney 2020), verlaufen oft in Wellen. Und es ist durchaus möglich, dass nach der ersten Ausbreitungswelle von SARS-CoV2, die im Mai 2020 gerade Lateinamerika erreicht, eine zweite Welle an den ersten Orten seiner Ausbreitung entsteht, also in China und/oder Europa. Die Mortalität der Spanischen Grippe war während der zweiten Welle sehr viel größer als in der ersten (Spinney 2020). Für den Umgang mit der aktuellen Coronapandemie bedeutet das, sich bestmöglich auf eine mögliche zweite Welle vorzubereiten und sowohl die Public-health-Maßnahmen als auch diejenigen zur Versorgung von Covid-19-Patienten weiter nachzuhalten und zu verbessern. Dazu gehört auch, dass immer wieder kommuniziert wird, dass eine schnelle Rückkehr zu dem Normalzustand der Vor-Corona-Zeiten nicht möglich sein wird. Stattdessen müssen Kontaktsperre sowie Hygieneregeln inklusive des Tragens von Schutzmasken weiter gelten und den Alltag bestimmen, sowohl zuhause und im Arbeitsprozess als auch in den Ferien und auf Reisen.

Lockerungen bedeuten lediglich eine Veränderung der Kontaktsperre und Hygieneregeln hin zu mehr Freiheiten, aber nicht deren Aufhebung. Insofern ist die »neue Normalität« von diesen den Alltag bestimmenden Regelung geprägt und deshalb auch nicht normal, sondern ein längerfristiger Zustand bei der Bewältigung der Krise. Und in diesem ist mehr Disziplin gefragt als in den Wochen des kompletten Lockdowns (s. o.).

Ausblick

Ein wirksamer Impfstoff könnte die Pandemie schnell beenden. Allerdings müsste der Impfstoff (die Impfstoffe) allen Menschen weltweit zugänglich sein – die WHO sollte dies koordinieren und organisieren.

Die Public-health-Maßnahmen waren und sind sinnvoll und sollten beibehalten werden, auch wenn die Neuinfiziertenzahlen gemessen an den neu positiv Getesteten und Gemeldeten weiter sinken, da die Dunkelziffer der Virusträger ein Weiterschwelen der Virusausbreitung bedingen kann.

Die Kapazitäten im Gesundheitssystem wurden vermehrt und stehen für Covid-19-Patienten zur Verfügung. Sie sollten so lange vorgehalten werden, bis die Pandemie sicher zu einem Ende gebracht sein wird.

Was haben wir bis jetzt aus der aktuellen Pandemie gelernt (Stand Mai 2020) für die nächste?

Deutschland sollte einen Vorrat an medizinischer Schutzausrüstung anlegen, der in einem rollierenden Verfahren immer wieder erneuert wird. In der Anfangsphase der Pandemie gab es Engpässe, weil die weltweit verfügbaren Mengen unzureichend waren oder in anderen Ländern zurückgehalten wurden. Auch sollten Produktionskapazitäten in Deutschland für Schutzausrüstung, insbesondere Mund-Nasen-Schutzmasken, vorgehalten werden, auf die im Bedarfsfall zurückgegriffen werden könnte.

Die Resilienz des deutschen Gesundheitswesens sollte gesteigert werden, damit schneller ausreichend Kapazitäten zur Verfügung stehen für die Behandlung Erkrankter. Das Zulassen immer mehr marktwirtschaftlicher Prinzipien im Gesundheitswesen sollte überdacht werden – sowohl mit Blick auf die Behandlungskapazitäten (Bettenzahlen, Strukturen, Ausrüstung) als auch auf die personelle Ausstattung (medizinisches und pflegerisches Personal, Anzahl, Entlohnung).

Die Risikokommunikation sollte gut abgestimmt und jederzeit transparent erfolgen und immer auch Korrekturen des Lagebildes berücksichtigen. Dabei ist eine enge Abstimmung mit Wissenschaftlerinnen und Wissenschaftlern hilfreich. Alle Maßnahmen und alle Zusammenhänge sollten immer wieder erklärt werden, insbesondere wenn sie die Einschränkung von Grundrechten betreffen. Von Anfang an muss auch die »Infodemie« bei den Eindämmungsmaßnahmen berücksichtigt werden.

Deutschland sollte sich frühzeitig mit den anderen Mitgliedern der Europäischen Union abstimmen und bei den Eindämmungsmaßnahmen solidarisch handeln und nicht in nationale Egoismen verfallen. Die Virusausbreitung lässt sich nicht durch Grenzschließungen beeinflussen, insofern ist dies kein probates Mittel, da die Kollateralschäden sehr groß sein können (Unterbrechung von Lieferketten).

Eine Kontaktsperre zur Bekämpfung der Virusübertragung reicht aus, eine komplette Ausgangssperre ist nicht notwendig. Lockerungen der Kontaktsperre bei abnehmenden Neuinfiziertenzahlen sollten abgestuft erfolgen und gut kommuniziert werden, damit die Disziplin aufrechterhalten und dem Umsichgreifen einer Sorglosigkeit vorgebeugt wird. Letztere kann eine Ursache für das Entstehen einer zweiten Pandemiewelle sein.

Gesundheitliche Kollateral- und Folgeschäden der Kontaktsperre/des Lockdowns müssen genau untersucht und Maßnahmen entwickelt werden, diese zu minimieren.

Es muss mehr in Forschung zu Zoonosen investiert werden, damit Herde zukünftiger Pandemien frühzeitig erkannt und bekämpft werden können. Dazu gehört auch der Schutz der Lebensräume von Tieren, die Reservoire von potentiellen Pandemieerregern sind.

Literatur

Dehning J. et al. 2020: Inferring change points in the spread of COVID-19 reveals the effectiveness of interventions. Science 2020 [DOI: 10.1126/science.abb9789].

Han B.A. 2015: Rodent reservoirs of future zoonotic diseases. Proc Natl Acad Sci U S A. 2015;112(22):7039-7044. doi:10.1073/pnas.1501598112.

Huang C. et al. 2020: Clinical features of patients infected with 2019 novel coronavirus in Wuhan, China. Lancet 395 (2020), 497–506.

Nussbaumer-Streit B. et al. 2020: Quarantine alone or in combination with other public health measures to control COVID-19: a rapid review, 2020; online veröffentlicht: https://www.cochranelibrary.com/cdsr/doi/10.1002/14651858.CD013574/epdf/full [zuletzt abgerufen am 12.05.20].

Püschel K./Äpfelbacher M. 2020: Umgang mit Corona-Toten: Obduktionen sind keinesfalls obsolet Dtsch Arztebl 117(20) (2020), A-1058 / B-892

Spinney L. 2020: Die Welt im Fieber, Karl Hanser Verlag, 4. Auflage (ursp. erschienen 1917).

Varga Z. et al. 2020: Endothelial cell infection and endotheliitis in COVID-19. The Lancet 2020 Apr 20 [DOI: 10.1016/S0140–6736(20)30937–5].

Verdoni L. et al. 2020: An outbreak of severe Kawasaki-like disease at the Italian epicentre of the SARS-CoV2v epidemic: an observational cohort study. The Lancet 2020 [DOI: 10.1016/ S0140-6736(20)31103-X].

Wang D. et al. 2020: Clinical characteristics of 138 hospitalized patients with 2019 novel coronavirus–infected pneumonia in Wuhan, China. JAMA 2020 [online veröffentlicht Feb. 7. 2020 DOI:10.1001/jama.2020.1585].

Wang Y. et al. 2020: Remdesivir in adults with severe COVID-19: a randomised, double-blind, placebo-controlled, multicentre trial; The Lancet 2020 [DOI: 10.1016/S0140-6736(20)31022-9].

Xia X. Extreme Genomic CpG Deficiency in SARS-CoV-2 and Evasion of Host Antiviral Defense. Mol Biol Evol

»The Great Lockdown«: Von der globalen Gesundheitskrise in die Rezession

Stefan Iskan und Pelin Iskan

Wenn Nobelpreisträger und Yale-Professor Robert J. Shiller über die Corona-Pandemie spricht, dann spricht er vom »Narrativ von Angst und Chaos« (vgl. Lindenblatt; v. Buttler 2020). Für den vormaligen Chefökonom des International Monetary Fund (IMF) und Harvard-Professor Kenneth Rogoff erleben wir gar »die erste wirklich globale Krise seit der Großen Depression 1929« (vgl. Shiller 2020, Lindenblatt; v. Buttlar 2020 und v. Buttlar 2020).

Unbestritten ist: Die Corona-Krise ist in erster Linie eine epidemiologische Krise. Eine globale Gesundheitskriese, die jedoch zahlreiche »Parallel-Krisen« hervorgebracht hat. Eine dieser Parallel-Krisen ist die Wirtschaftskrise. Das Narrativ von Angst und Chaos, wie es Shiller formuliert, lässt diese beiden Krisen dabei ineinander wirken und sich verstärken (vgl. Shiller 2020 und Lindenblatt; v. Buttlar 2020). Welche Auswirkungen die Pandemie auf die Wirtschaft zwischenzeitlich genommen hat, dem wollen wir auf den nachfolgenden Seiten punktuell nachgehen. Zugrunde liegt der Kenntnisstand inmitten der Corona-Pandemie. Stand Anfang Juli 2020.

Halten wir zunächst fest: Der Einbruch der Weltwirtschaft und der Finanzmärkte war für viele Marktbeobachter ohnehin nur noch eine Frage der Zeit (vgl. zum Begriff der Weltwirtschaft Kunze 2017, S. 167). Wann genau, dafür bedarf es freilich prophetischer Fähigkeiten. Das Coronavirus selbst dürfte daher als Auslöser dieser ökonomischen Bewegungen zu bewerten sein. Oder vielmehr noch: Es beschleunigte die Abwärtsspirale, indem es neben den Finanzmärkten auch die Realwirtschaft mit voller Wucht getroffen hat. Als »Schock-Ereignis«. Länderübergreifend. Nahezu zeitgleich.

Wie relativ schnell sich jedoch auch Produktion und Absatz erholen können, das hat die Finanzkrise 2008/2009 am Beispiel der Automobilindustrie eindrucksvoll demonstriert. Doch diesmal scheinen die Vorzeichen anders zu stehen: Die Wirtschaft befand sich vor der Corona-Krise bereits in einzelnen Branchen in einer stagnierenden bis rückwärtsgerichteten Bewegung. Oder formulieren wir es noch deutlicher: Sie wurde in Deutschland überwiegend nur noch vom überflügelten Bausektor und Privatkonsum getragen (vgl. auch Deutscher Gewerkschaftsbund online 2020).

Die in Deutschland viel zitierte Automobilindustrie hatte nämlich in den Jahren davor schon kaum mehr signifikante Output-Steigerungen an den inländischen Fabrikstandorten zu verzeichnen (vgl. Iskan; Schmidt 2021). Hinzu kommt ein Finanzsystem, das von der Finanzkrise bis heute gezeichnet ist und in dem die Zentralbanken die Zinsen immer weiter Richtung Null gedrückt haben. Und die Geldmengen wurden bis heute immer weiter hochgedreht. Viele Staaten sind überschuldet und zeichnen sich durch entsprechende Haushalts- und Leistungsbilanzdefizite aus. Schwellenländer stehen inmitten großer Refinanzierungswellen in »hartem« US-Dollar und sind zudem mit dem Abzug ausländischer Direktinvestitionen konfrontiert (vgl. The World Bank online 2020a und Wigger 2004, S. 155)). In diesen Tagen ökonomische Prognosen abzugeben, das wäre mehr als gewagt. Dafür ist »die Unsicherheit über die zukünftige Entwicklung vor allem aufgrund der schwierigen Datenlage und der außergewöhnlichen Situation derzeit besonders hoch« (vgl. Sachverständigenrat online 2020, S. 6). Eine Rezessionskurve in Form eines V, also nach einem schnellen Absturz eine rasche Erholung, das dürfte selbst unter Optimisten inzwischen nur allzu schwer vorstellbar sein. Hierauf wollen wir jedoch im weiteren Verlauf noch einmal ausführlicher zu sprechen kommen.

Unbestritten sein dürfte schon jetzt: Die Corona-Krise ist einschneidend. Und sie könnte volkswirtschaftlich – auch unter den heutigen Bedingungen des eingeschlagenen Weges der »Gelddruck-Politik« – in eine Stagflation münden (vgl. zur USA exemplarisch Bloomberg online 2020, Li 2020 und Roach 2020). Das wäre der Super-GAU. Eine Periode, in der wir beides haben: Inflation und Stagnation des Wirtschaftswachstums auf einem moderaten Niveau. Und das könnte sich zu einer »giftigen Mischung« für das »Superwahljahr 2021«, wie Karl-Rudolf Korte das Jahr für Deutschland in seinem Beitrag nennt, zusammenbrauen. Zum einen für die wirtschaftliche und politische Landschaft. Zum anderen aber auch für unser gesellschaftliches Miteinander.

Doch der Reihe nach. Wir müssen zunächst einmal ausholen und den Status Quo im Finanzsektor und der Weltwirtschaft vor der Pandemie skizzieren. Denn erst auf dieser Basis lässt sich einordnen, welche möglichen Folgewirkungen das Coronavirus für die Wirtschaft mit sich führt.

Der Finanzsektor

Erinnern wir uns zunächst an die Finanzkrise 2008/2009 zurück. Sie hatte ihren Ausgangspunkt in den USA. Und zwar bereits im Frühjahr 2007. Noch genauer gesagt auf dem Subprime Markt. Jenem kleinen Marktsegment, auf dem selbst »problematischere« Kreditnehmer mit schlechter Bonitätsbewertung ein Hypothekendarlehen erhalten (vgl. Budzinski; Michler 2020). Despektierlich brachte die Finanzkrise in diesem Zusammenhang den Begriff der »NINJA-Kredite« hervor. »NINJA« steht dabei für »No Income. No Job. No Assets« (vgl. Waschbusch 2020). Also übersetzt in etwa: »Personen mit geringem Einkommen, keinem Beschäftigungsverhältnis und nahezu ohne jeglichen Vermögensbesitz«.

Was genau war passiert? Die NINJAs hatten von den US-Banken Immobilienkredite zu niedrigen Zinskonditionen erhalten. Steigende Immobilienpreise waren zu beobachten. Bis zu jenem Zeitpunkt, als viele Immobilienkreditnehmer in Folge steigender Zinssätze und fallender Wiederverkaufswerte ihre Darlehensverträge nicht mehr bedienen konnten (Ausfallraten). Die US-Immobilienpreise brachen ein. Doch die Kreditrisiken wurden zuvor in Wertpapieren verbrieft und weltweit gehandelt. Ein Überspringen auf den Weltfinanzmarkt war die Folge und damit das Entstehen der Finanzkrise. Die anschließende Wertberichtigung infolge des Zusammenbruchs des US-Immobilienmarktes und den damit einhergehenden ansteigenden Zahlungsrückständen hatte schließlich die Finanzinstitute reihenweise in Bedrängnis gebracht. Auch Bankhäuser in Deutschland. Denn auch sie waren in diese Kreditpakte mit jenen »faulen« US-Darlehen investiert. Die darauf folgenden Abschreibungen führten zu hohen Bilanzverlusten. Mehre Finanzinstitute mussten im Herbst 2008 Insolvenz anmelden oder gar von Regierungen gerettet werden (u. a. beispielhaft Lehman Brothers, Merrill Lynch, Freddie Mac).

Die Folgen waren ein signifikanter Vertrauensverlust innerhalb des Bankensektors und Kurseinbrüche an den Weltfinanzmärkten.

Der Vertrauensverlust wurde im Interbankenkreditgeschäft offenbart. Dieser Markt wurde nahezu ausgetrocknet. Kreditvolumen wurden gekürzt und Risikoaufschläge erhöht. Die Absicherung von Liquidität stand fortan im Vordergrund. »Cash is King« wurde nicht nur im Bankensektor, sondern auch in den Unternehmen zu einem regelrechten »Credo«. Und das Wort »systemrelevant« hat sich bis heute bei den Menschen eingebrannt. Milliardenschwere Rettungsmaßnahmen verschiedener Regierungen hatten letztlich zur Stabilisierung der Finanzmärkte beitragen müssen.

Ein Überspringen der Krise von den Finanzmärkten auf die Realwirtschaft konnte dennoch nicht mehr verhindert werden. Es kam zu einem Einbruch der Wirtschaftsaktivität in allen Weltregionen und zur bislang größten Rezession der Nachkriegszeit (vgl. International Monetary Fund online 2017). Für die Entwicklung der damaligen Finanzkrise werden heute häufig verantwortlich gemacht: das Versagen von Ratingagenturen und Aufsichtsbehörden, mangelnde Eigenkapitalvorschriften beim Abschluss von Immobilienkrediten sowie eine expansive Geldpolitik durch die amerikanische Notenbank Fed (vgl. Grundmann u.a. 2009 und Michler; Smeets 2011, S. 4f.).

Finanzexperten kritisieren bis heute eine fehlende »Sanierung« des Banken- und Finanzsektors. In Folge dieser Entwicklung sind daher bis heute immer wieder Stimmen zu hören, die sagen, dass der Euro »Krebs im Endstadium« hätte oder die Notenbanken alles daran setzen würden, »das kranke System am Leben zu halten« oder der »akute Infarkt nur verhindert und Zeit gewonnen wurde« (vgl. exemplarisch Homm; Hessel 2019, S. 14; Müller 2018, S. 26 und Diskussion bei Walz 2020, S. 6). Ungeachtet der Wortwahl ist eine Nacherscheinung der damaligen Finanzkrise geblieben: die Niedrigzinsphase.

Vielmehr noch: Aus dieser Phase wurde inzwischen ein beispielloser Dauerzustand. Seit 2008 sank der Leitzins der Europäischen Zentralbank (EZB) von 4,25 % auf 0 % (vgl. Deutsche Bundesbank online 2020). Mit eben dieser drastischen fiskalpolitischen Maßnahme hatte man versucht, der Finanzkrise in Japan, in den USA und in der Euro-Zone Herr zu werden (vgl. zur Konjunkturstabilisierung u.a. Lachman 2004, S. 288 und Schwarzer 2015, S. 47f.). Und diese Nullzinspolitik hat auch etwas bewirkt: Nämlich unter anderem einen regelrechten Run auf Sachwerte, wie etwa Aktien, Edelmetalle und Immobilien.

Wir führen dies nur deshalb so aus, weil die Bezeichnung »krankes System« zu Beginn der Corona-Krise wieder verstärkt aufflammte. Und zwar ab jenem Moment, als die Europäische Zentralbank (EZB) nach dem »Doppelschlag« an den Börsen vom 9. März und 12. März 2020 beschlossen hatte, in Form des Pandemic Emergency Purchase Programme (PEPP) zur Stabilisierung der Finanzmärkte weiter Geld »aus vollen Rohren zu feuern« (vgl. European Central Bank online 2020 und Fonds Professional online 2020a).

Die Realwirtschaft

Erlauben wir uns noch kurz eine Einordnung der Wirtschaft in der »Vor-Corona-Zeit«. So schnell die Weltwirtschaft in Folge der Finanzkrise 2008/2009 eingebrochen war, so schnell erholte sie sich auch wieder. Freilich in Geschwindigkeit und Ausmaß mit unterschiedlichen regionalen Mustern, wie wir später noch weiter ausführen werden. Mit Blick auf Deutschland erlebten wir von 2011 bis 2017 eine Hochkonjunktur. Der Sommer 2018 stellt den »Turning Point« dar – der augenscheinliche Beginn der wirtschaftlichen Abkühlung (vgl. International Monetary Fund online 2019). Dies lässt sich gut am Beispiel der bereits zitierten Automobilindustrie veranschaulichen. Einem Industriezweig, in welchem beispielsweise Logistikdienstleister von ihren Kunden keinerlei Mengengarantien in ihren Verträgen erhalten (vgl. Iskan 2016 und 2021). Doch selbst von diesen Logistikdienstleistern, die das unternehmerische Risiko der Mengenvolatilität auf ihrem Rücken tragen, war damals häufig zu hören: »Wir sehen zwar rückläufige Volumina im Transportaufkommen. Doch das ist nicht weiter schlimm. Ganz ehrlich: Jetzt können wir auch einmal durchatmen. Jetzt fahren wir halt keine 120 % wie die überhitzten Jahre davor, sondern 80 %.« Und die Gleichen, die das noch sagten, waren dann im März und April 2020 bettelnd auf der Suche nach dem durch die Corona-Pandemie »berühmt« gewordenen Toiletten-Papier unterwegs. Damit sie überhaupt noch Ladung hatten, um für etwas mehr als erniedrigende 50 Cent pro gefahrenen Kilometer ihre schweren Sattelzüge über die Autobahnen bewegen zu dürfen – wenn sie denn ihre Flotten nicht schon längst stillgelegt auf dem Hof geparkt hatten. Die Rezession, in der wir uns heute befinden, hatte ihren Anfang also schon im Sommer 2018 genommen.

Die Corona-Krise in Deutschland

Heute, zwei Jahre später und mitten in der Corona-Krise, erwarten nicht wenige Experten, dass die Weltwirtschaft auf die schwerste Rezession seit der »Great Depression« von 1929 zusteuert (vgl. IMF in New York Times online 2020 und OECD online 2020a). Sie war die bislang heftigste bekannte Störung der Wirtschaftsgeschichte (vgl. Mankiw 2000, S. 287 und Krugman; Obstfeld 2004, S. 692ff.). Während in der Finanzkrise eine Krise der Banken die Realwirtschaft hat abstürzen lassen, so geht diesmal die Krise aus der Realwirtschaft hervor. Ein Angebots- und Nachfrageschock sind in Folge einer globalen Gesundheitskrise nahezu zeitgleich und weltweit aufeinandergeprallt (vgl. Mankiw 2000, S. 278ff. und ifo Institut online 2020a).

Regierungen und Zentralbanken haben in kurzer Zeit gewaltige Rettungsschirme und Konjunkturprogramme geschnürt. Von »Wumms« war bei Bundesfinanzminister Olaf Scholz und Wirtschaftsminister Peter Altmaier gar die Rede, um schnellstmöglich wieder aus der Corona-Krise herauszukommen (Bundesregierung online 2020a). Deutschland hat frühzeitig die Haushaltspolitik der »schwarzen Null« aufgegeben. Denn infolge der Corona-Pandemie und der damit einhergegangenen Maßnahmen zu ihrer Bekämpfung ist die deutsche Wirtschaft inzwischen in die tiefste Rezession in der Nachkriegsgeschichte gefahren.

Industrie und Dienstleister waren im Zeitraum von Mitte März bis Ende April 2020 teilweise oder vollständig vom Lockdown erfasst. Einen besonderen Schock durch die ausbleibende Nachfrage erlitten haben dabei die Bereiche Kunst, Freizeit und Unterhaltung, die Hotellerie und Gastronomie, Friseure, Physiotherapeuten und andere »körpernahe« Berufsfelder, Fluggesellschaften, Taxi-Gewerbe, der öffentliche Nahverkehr sowie auch Messeveranstalter (vgl. hierzu auch McKinsey online 2020). Ersten Schätzungen zufolge führte dieser Lockdown zu einem Schrumpfen der Wirtschaft von ca. 16 % (vgl. ifo Institut online 2020a und 2020b, S. 21). Ein solcher wirtschaftlicher Einbruch – bedingt durch ein staatlich initiiertes Herunterfahren der Wirtschaft aus gesundheitspolitischen Gründen – dürfte in dieser Form beispiellos sein (vgl. ifo Institut online 2020b, S. 21).

Und für manche Bereiche, die jetzt im Zuge der Lockerungen wieder in Betrieb sind, mag sich kaufmännisch durchaus auch die Frage nach der Sinnhaftigkeit der Betriebsfortführung stellen. Denn die zentralen Fixkosten schlagen gerade bei denjenigen Gewerbetreibenden, die sonst »von der Hand in den Mund« gelebt haben, bei Minderauslastung voll durch. Darüber hinaus unterstellen viele Führungskräfte gerade mittelständischen Unternehmen, welche Kfw-Corona-Hilfen beantragt und dann auch in Anspruch genommen haben, dass sie bereits schon vor der Corona-Krise »finanziell fertig« gewesen sein dürften. Unbestritten sein dürfte jedoch in der unternehmerischen Praxis, dass – anders als in der Finanzkrise 2008/2009 – die Banken in der Corona-Krise mindestens ein halbes Jahr schneller agieren, proaktiv bei den Unternehmen nachfragen und auch viele Unternehmen entsprechend mit Liquidität versorgen.

Bei den Privathaushalten zeigt sich eine Verbraucherstimmung, die im April und Mai 2020 auf ein historisches Rekordtief gefallen war. Zwar kommen jetzt wieder erste Stimmen auf, die mit Blick auf den privaten Konsum das »Licht am Ende des Tunnels« gesehen haben wollen, doch sind die wirtschaftliche Gesamtsituation und auch die Pandemie-Entwicklung selbst noch viel zu fragil (vgl. Einzelhandelsverband online 2020 und Gesellschaft für Konsumforschung online 2020). Im Übrigen gilt es in diesem Zusammenhang auch noch mögliche positive Effekte abzuwarten, die von der temporären Absenkung der Mehrwertsteuersätze von 19 % auf 16 % bzw. von 7 % auf 5 % erhofft werden (vgl. Bundesregierung online 2020b). Doch gerade in intransparenten Märkten, wie sie etwa bei Immobilien, im Handwerk oder auch in der Möbelindustrie vorzufinden sind, bleibt zu befürchten, dass die steuerlichen Effekte nicht an den Konsumenten weitergegeben werden.

Dazu kommt, dass für rund 15 % aller Arbeitnehmer in Deutschland – und das sind in Summe ca. 45 Millionen Menschen – im April 2020 ein konjunkturelles Kurzarbeitergeld gezahlt wurde (vgl. Bundesagentur für Arbeit online 2020). Ein historischer Negativwert. Im Vergleich dazu: In der Finanzkrise 2008/2009 waren ca. 1,4 Millionen Personen in Kurzarbeit »geparkt«. Während für das dritte Quartal 2020 bis zu drei Millionen Arbeitslose in der Spitze erwartet werden, gehen Praktiker und Arbeitsmarktforscher jedoch davon aus, dass sich die Zahl der Kurzarbeiter in den kommenden Monaten im Zuge einer Verbesserung der ökonomischen Gesamtsituation wieder verringern wird (vgl. auch ifo Institut online 2020b, S. 23). Ob also die »Arbeitslosigkeit auf Stunden im Betrieb« in eine dauerhafte Arbeitslosigkeit überführt werden muss, bleibt folglich noch abzuwarten. Das wird letztlich auch davon abhängen, wie sich die Corona-Pandemie per se entwickeln und sich die Konjunktur in den für die deutsche Wirtschaft bedeutsamen Export-Märkten erholen wird. Denn auch in der deutschen Außenwirtschaft ist die Corona-Pandemie voll spürbar.

So hat der Export den stärksten Einbruch seit 30 Jahren hinnehmen müssen (vgl. Bundesministerium für Wirtschaft und Energie online 2020, Statista online 2020a und 2020b). Mit den weltweiten Lockerungen im In- und Ausland wird jedoch wieder eine Belebung der Handelsströme erwartet. Und dennoch dürfte die Exportleistung 2020 insgesamt um etwa 13 % rückläufig werden (vgl. ifo Institut online 2020a und 2020b).

Über den weiteren ökonomischen Ausblick streiten heute zahlreiche Experten und Institute. Die Prognosen sind – gerade was die Dauer und auch Geschwindigkeit der konjunkturellen Erholung anbelangt – durchaus heterogen und damit abhängig von den jeweils zugrunde gelegten Prämissen. Hierauf wollen wir nun weiter genauer eingehen.

Die Szenarien der Corona-Rezession

Treffsichere ökonomische Prognosen für die Realwirtschaft unter den gegenwärtigen Gegebenheiten abzugeben, das erscheint nur allzu schwer möglich. Und diesen Anspruch wollen wir in diesem Beitrag auch gar nicht erst setzen. Zu unberechenbar ist die aktuelle Lage in der Corona-Pandemie in Deutschland und im Rest der Welt. Darüber hinaus liegen den Forschern und Praktikern derzeit zu wenig belastbare Daten und auch kaum vergleichbare Referenzpunkte für die Corona-Krise zugrunde (vgl. auch Sachverständigenrat online 2020).

Wir wollen daher eher überblicksartig vier Szenarien skizzieren, die erläutern, welche Abzweigungen die weitere ökonomische Entwicklung nehmen könnte (basierend auf Deloitte online 2020, Kaelble 2020 und Sachverständigenrat online 2020). Vorneweg stellen wollen wir, dass vielen Betrieben – gleich welcher Branche und Stellung in der Lieferkette – jegliche belastbare Planungsgrundlage genommen wurde. Mit Ausnahme vielleicht der Lebensmittelindustrie, die mit ihren Partnern in der vor- und nachgelagerten Lieferkette auch in der Rezession der Finanzkrise

2008/2009 noch verhältnismäßig stabil durchgekommen war. Von daher arbeiten sowohl Forschungsinstitute als auch Unternehmen stark mit Mustern der Szenario-Planung. Wöchentlich. Nahezu täglich.

Wir befinden uns also schon inmitten einer Rezession, d. h. einer Phase sinkenden Einkommens, Verkürzung der effektiven Wochenarbeitszeit und steigender Arbeitslosigkeit (vgl. Mankiw 2000, S. 265). Im Rahmen des optimistischsten Szenarios verliefe die Rezessionskurve in der Form des bereits angerissenen V. Doch diese V-Rezession ist inzwischen selbst bei vielen Optimisten schon vom Tisch. Der Vollständigkeit halber wollen wir dieses Rezessionsszenario dennoch kurz erläutern. Diesem Planungsmuster entsprechend würde nämlich schon im Spätsommer oder Herbst eine kräftige Erholung folgen. Unterstellt würden hier die sofortige Wirkung staatlicher Konjunkturhilfen, ein nachgeholter Konsum – beflügelt auch durch das temporäre Absenken der Mehrwertsteuer–, Investitionen sowie weitere Nachholeffekte aus der Zeit vor dem Lockdown. Die Erholung könnte diesem Muster zufolge historisch so stark ausfallen wie der erlebte Einbruch selbst, was letztlich zu dieser V-Kurve führen würde. In Summe stünde am Ende des Jahres 2020 dennoch ein negatives Bruttoinlandsprodukt.

Das nächste mögliche Szenario basiert auf einer Rezessionskurve, welche die Form eines U annimmt. Im Zuge eines U stünde eine längere Krisen-Phase bevor, ehe es im weiteren Verlauf zu einer Erholung käme. Und diese würde auch sehr langsam verlaufen. Das U-Rezessionsszenario wird häufig auch mit systemischen Folgekrisen in Verbindung gebracht, wie etwa einer Staatsschuldenkrise oder gar einer Währungskrise. Ein U könnte kommen, wenn die mit den losgetretenen Rettungspaketen verbundenen Zielsetzungen nicht erreicht werden würden. Eine U-förmige Rezessionskurve könnte sich aber auch dann bilden, wenn ganze Industriezweige am Boden liegen, Firmen in großem Umfang Insolvenz anmelden und ihre Beschäftigten aus der Kurzarbeit direkt in die Arbeitslosigkeit überführen würden. In diesem Rezessionsszenario, das bereits eine Schnittmenge mit der Depression aufweist, bleibt die Konsumneigung der Menschen natürlich zurückhaltend (vgl. Lachmann 2003, S. 235f.)

Ein drittes Szenario stellt die L-Rezession dar. Mit diesem Szenario würde eine langanhaltende, regelrechte Depression über mehrere Jahre einhergehen. Als Grund wird die globale Gesundheitskrise herangezogen, in deren Rahmen der Pandemie-Verlauf über einen längeren Zeitraum nicht unter Kontrolle zu bringen wäre. Aber auch weil zentrale Wirtschaftsregionen regelrecht in systemische Folgekrise gerissen werden würden.

Das vierte und abschließende Szenario wäre eine Rezession mit W-Verlauf. Dieses Rezessionsmuster wird häufig auch unter der Version eines »Wurzelzeichens« diskutiert. Demzufolge könnte es zwar zunächst zügig zu einer wirtschaftlichen Erholung kommen. Im weiteren Verlauf würde die ökonomische Entwicklung jedoch in eine Stagnation abdriften. Auch ein weiterer Einbruch in Folge einer zweiten Welle in Richtung Herbst 2020 würde hier unterstellt werden. Ein Rezessionsverlauf in Form des Wurzelzeichens wird derzeit von verschiedenen Stellen in der Wirtschaft als »realistische« Planungsgrundlage angesetzt, da sich dieses Wurzelzeichen im sogenannten Einkaufsmanagerindex für das verarbeitende Gewerbe in China (Purchasing Manager Index PMI) wiederfindet, aus dem man mit zeitlicher Verzögerung auch ein Szenario für den weiteren Verlauf in den Industriestaaten im Allgemeinen und Deutschland im Speziellen ableiten könnte. Dieser Index gilt sowohl an den Finanzmärkten als auch in der unternehmerischen Praxis als eines der wichtigsten Wirtschaftsindikatoren, da hierüber die Wirtschaftsentwicklung Chinas – einem bedeutsamen Markt für die Weltwirtschaft – zu einem sehr frühen Zeitpunkt aus verschiedenen Dimensionen heraus abgebildet wird. Erfasst werden hierüber u. a. Informationen zu Auftrags-, Beschäftigungs-, Lagerbestands- und Preisentwicklung im produzierenden Gewerbe (vgl. National Bureau of Statistics of China online 2020). Die nachfolgende Abbildung zeigt die Rezessionskurve des Wurzelzeichens und damit den Einkaufsmanagerindex für das verarbeitende Gewerbe in China.

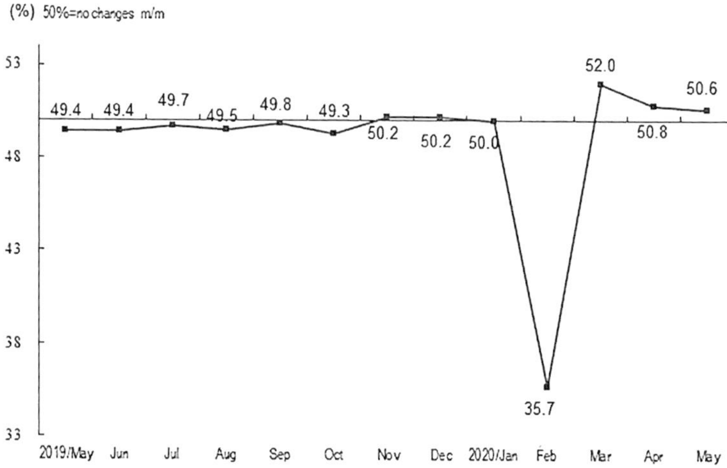

Abb. 3: Einkaufsmanagerindex für das verarbeitenden Gewerbe in China Stand Mai 2020. Quelle: National Bureau of Statistics of China online 2020.

Die Prognosen unter Unsicherheit und Prämissen

Wenngleich also das Wurzelzeichen derzeit als durchaus realistisches Szenario in der unternehmerischen Praxis herangezogen wird, so lässt sich dennoch nicht abschließend beantworten, welches Szenario dann tatsächlich eintreffen wird. Zu viele Unsicherheiten stehen noch im Raum. Bemerkenswert ist nur, dass geführte Gespräche mit Unternehmen aus März und April 2020 von Beginn an deutlich pessimistischer, aber auch dafür realistischer gewesen zu sein schienen als die ersten »offiziellen« Prognosen verschiedener Institute. Eine Reihe von Instituten haben ihre ersten Daten inzwischen wieder korrigiert. Und zwar nach unten. Auf eine breite methodische Diskussion über die Prognose-Daten, die derzeit im Umlauf sind, soll an dieser Stelle jedoch bewusst verzichtet werden. Exemplarisch wollen wir hier nur kurz den International Monetary Fund (IMF) anführen, der inzwischen von einer beispiellosen Wirtschaftskrise spricht (vgl. International Monetary Fund online 2020). Die nachfolgende Abbildung ist nach Weltregionen gegliedert und liefert einen Überblick über die vom IMF prognostizierte Wirtschaftsentwicklung bis 2021.

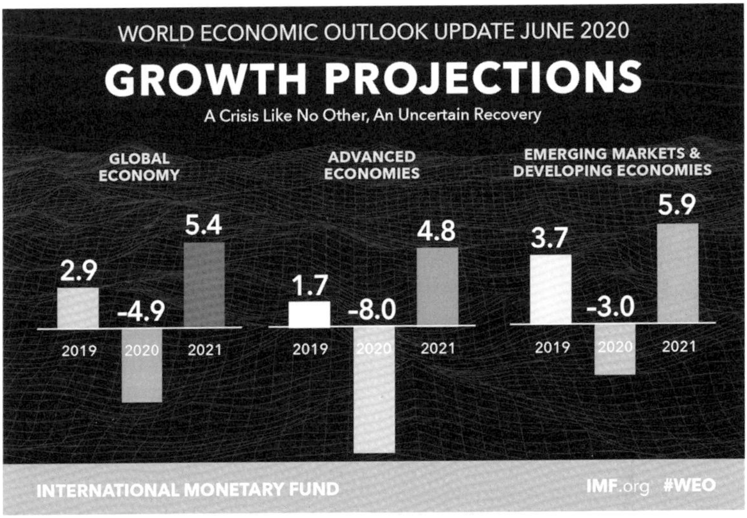

Abb. 4: International Monetary Fund: Wirtschaftlicher Ausblick Stand Juni 2020. Quelle: International Monetary Fund online 2020.

Anmerken wollen wir, dass gegenwärtige Szenario-Planungen neben den skizzierten Überlegungen zum Rezessionskurven-Verlauf auch noch weitere Ausdifferenzierungen beinhalten. Prognosen gleich welcher Art basieren immer auch auf Prämissen, also Annahmen, die im Vorfeld definiert werden. Für den vorliegenden Beitrag haben wir verschiedene Berechnungen betrachtet, insbesondere die Prognosen des ifo Instituts, des IMF wie auch der Organisation for Economic Co-operation and Development (OECD). Wenngleich sich die Prognosen für 2020 und 2021 im Ergebnis für die Weltregionen und einzelnen Volkswirtschaften unterscheiden, so haben alle drei gemein, dass für sie parallel zwei Varianten ausgearbeitet werden. Eine Berechnung basiert auf dem sogenannten »Single-Hit-Szenario«. Unterstellt wird hier eine Wirtschaft, die von einer Infektionswelle und einem einzigen Lockdown getroffen wird. Eine zweite Berechnung – das »Double-Hit-Szenario« – geht von einer zweiten Infektionswelle aus, mit der auch ein zweiter Lockdown einhergeht. Folgt man unserem Virologen in diesem Buch, Timo Ulrichs, so ist eine zweite Infektionswelle nicht unwahrscheinlich. Doch ist es unter dem heutigen Kenntnisrahmen eher als unwahrscheinlich anzunehmen, dass für deren Bekämpfung auch ein zweiter flächendeckender Lockdown einzusetzen wäre.

Daher gehen wir bei den nachfolgenden Ausführungen auch ausschließlich von einem Single-Hit-Szenario aus. Des Weiteren haben wir uns bemüht, unsere Darstellungen weniger auf eine Quelle zu stützen, als vielmehr hier die Gelegenheit zu bieten, die Daten der oben genannten drei Institutionen in Form einer gegenüberstellenden Tabelle vergleichend zu betrachten (vgl. basierend auf Brookings Institution online 2020, OECD online 2020a, 2020b, 2020c, 2020d; International Monetary Fund online 2020: Sachverständigenrat online 2020; ifo Institut online 2020a, 2020b und The World Bank online 2020a, 2020b, 2020c). Die nachfolgende Gegenüberstellung zeigt die prognostizierte wirtschaftliche Entwicklung für ausgewählte Regionen und Volkswirtschaften.

Greifen wir auch hier erneut die Daten des IMF heraus, so wird im Single-Hit-Szenario ein negatives Weltwirtschaftswachstum von minus 5 % erwartet. Nur beispielhaft zum Vergleich: Im Rahmen eines Double-Hit-Szenarios wäre eine Kontraktion der Weltwirtschaft um ca. 7,8 % die Folge (vgl. International Monetary Fund online 2020). 2021 würde ein positives Wachstum von 5,4 % (bzw. 2,8 % im Double-Hit-Szenario) folgen. Was im Single-Hit-Szenario zunächst positiv klingen mag, bedeutet in letzter Konsequenz, dass die Wirtschaftsleistung dennoch rund 6,5 % unter dem Vorkrisen-Niveau liegen würde. Ein Vorkrisen-Niveau wird im Allgemeinen

Ökonomischer Ausblick: ausgewählte Länder und Regionen und ihr Wachstum in %

Single-Hit-Szenario

	2019			2020f			2021f		
	IMF	OECD	ifo	IMF	OECD	ifo	IMF	OECD	ifo
Weltwirtschaft	2,9	2,7	2,6	-4,9	-6,0	-4,8	5,4	5,2	6,3
Euro-Zone	1,3	1,3	1,2	-10,2	-9,1	-8,4	6,0	6,5	6,1
Deutschland	0,6	0,6	0,6	-7,8	-6,6	-6,7	5,4	5,8	6,4
USA	2,3	2,3	2,3	-8,0	-7,3	-5,7	4,5	4,1	4,4
China	6,1	6,1	6,1	1,0	-2,6	0,1	8,2	6,8	11,2
Italien	0,3	0,3	x	-12,8	-11,3	-8,9	6,3	7,7	x
Spanien	2,0	2,0	x	-12,8	-11,1	-9,8	6,3	7,5	x
Frankreich	1,5	1,5	x	-12,5	-11,4	-10,1	7,3	7,7	x
Großbritannien	1,4	1,4	1,4	-10,2	-11,5	-8,5	6,3	9,0	6,5
Japan	0,7	0,7	0,7	-5,8	-6,0	-4,7	2,4	2,1	3,2
Russland	1,3	1,4	1,3	-6,6	-8,0	-7,5	4,1	6,0	7,0
Polen	4,1	4,1	4,2	-4,6	-7,4	-3,0	4,2	4,8	5,0
Südkorea	2,0	2,0	2,0	-2,1	-1,2	-1,2	3,0	3,1	2,8
Türkei	0,9	0,9	0,9	-5,0	-4,8	-5,0	5,0	4,3	4,3

Abb. 5: Wirtschaftliche Prognosen für 2020 und 2021: Gegenüberstellung. Quelle: Eigene Darstellung basierend auf ifo Institut, International Monetary Fund, OECD und The World Bank 2020.

nicht vor 2023 erwartet (vgl. auch Fonds Professional online 2020b). Für Deutschland selbst wird für das laufende Jahr ein Minus von fast 8 % erwartet – kommend bereits von einer stagnierenden bzw. bereits rezessiven Entwicklungsbasis von 0,6 % in 2019. Ähnliches wird beispielsweise auch für die USA erwartet (minus 8 %). Noch stärker sind die erwarteten Rückschläge in Italien (minus 12,8 %), Frankreich (minus 12,5 %), Spanien (minus 12,8 %) und Großbritannien (minus 10,2 %).

Als Unsicherheitsfaktoren auf globaler Ebene werden – unabhängig von jeglicher Daten-gestützter Diskussion – die globale Gesundheitskrise selbst, sowie die Unsicherheit gegenüber einer zweiten Infektionswelle in der zweiten Jahreshälfte 2020 oder auch möglicherweise 2021 gesehen. Hinzu kommen Bedenken gegenüber der wirtschaftlichen Gesamtkonstellation in den Emerging Markets. Zwar zeigen die vorherigen Daten des IMF für die Emerging Markets eine nicht so dramatische Kontraktion der Wirtschaftsleistung, wie etwa in der Euro-Zone (minus 10 %), doch bleiben hier die eingangs erwähnten Verschuldungen und Refinanzierungsthematiken in »hartem« US-Dollar als mögliche weitere Belastungspunkte für die Weltwirtschaft (vgl. zu den strukturellen Merkmalen weitergehend Krugman; Obstfeld 2004, S. 858).

Die Börse

Werfen wir abschließend noch einen Blick auf die Börse. Hier spülte die zunehmende Verdichtung einer Pandemie im Februar und März 2020 das »Cash Management« wieder auf die Sorgenliste vieler Unternehmen, institutioneller Anleger und Privatanleger. Und genau das Problem des Cash Managements war es, was wir im wohl schnellsten Börsen-Einbruch aller Zeiten im März 2020 dann auch in vielen Bereichen erlebt haben dürften. Vergleichbare Einbrüche gab es höchstens in der Zeit der Great Depression in den Jahren 1929, 1931 und 1934. Damals erfolgten die Einbrüche in einem Zeitraum von 23 bis 31 Tagen. Im März 2020 erlebten Anleger mit über 40 % Kursverfall den historisch größten Rückgang des deutschen Leitindex DAX innerhalb einer solchen Zeitspanne (vgl. Frankfurter Rundschau online 2020). Der S&P 500 ist innerhalb von 22 Handelstagen um 30 % unter sein Rekordhoch gefallen. Und diesen hatte er erst kurz zuvor noch erreicht. Nämlich am 19. Februar 2020.

Neben der bereits beschriebenen Finanzkrise 2008/2009 gab es weitere Ereignisse, aus denen sich die größten Börsenkrisen in der

Finanzgeschichte des 19. und 20. Jahrhunderts (vgl. auch Berliner Sparkasse online 2020, Capital online 2020, Manager Magazin online 2020) entwickelt hatten: Zuerst die Bankenkrise von 1847 in Frankreich und England, gefolgt von den Revolutionen 1848/49. Später auch der sogenannte Gründerkrach von 1873, als eine große Anzahl von Schein-Aktiengesellschaften gegründet wurde und diese Spekulationsblase anschließend platzte. Zu nennen sind aber vor allen Dingen der »Schwarze Donnerstag« (24. Oktober 1929) und der »Schwarze Dienstag« (29. Oktober 1929). Sie stießen letztlich die Zeit der Great Depression in den USA an. Die Weltwirtschaftskrise folgte. Aber auch der »Schwarze Montag« (19. Oktober 1987) kann als Beispiel für eine weitere Börsenturbulenz herangezogen werden. Über 22 % verlor der Dow-Jones an jenem Tag. Einen Kursverlust, den der Dow-Jones in seiner Geschichte bis dato so nicht gesehen hatte. Der deutsche Leitindex DAX sank um ca. 9,4 %.

Aus den 1990er Jahren soll der Wertverlust von 46 % des gesamten japanischen Aktienmarktes erwähnt werden. Über neun Monate zog sich infolge einer kreditfinanzierten Spekulationsblase im Aktien- und Immobilienmarkt der Sinkflug des japanischen Leitindex Nikkei 1990 hin. Beachtenswert ist auch der DAX-Tagesverlust von 9,4 % am 19. August 1991, dem Tag, an dem bekannt gegeben wurde, dass es einen Putschversuch gegen den damaligen Staatspräsidenten der UdSSR, Michail Gorbatschow gab.

Ein bis heute neben der Great Depression viel zitiertes Ereignis der jüngeren Börsengeschichte mit durchaus vergleichbaren Zügen zum heutigen »Digitalisierungs-Hype« ist das Platzen der Technologieblase in den USA. Auch bekannt als »Dotcom-Blase«. Zwischen 2000 und 2002 verlor der Technologie-Index NASDAQ rund 80 %. Eine Vielzahl von »Internet-Unternehmen«, die nicht immer ein nachhaltiges Geschäftsmodell zugrunde liegen hatten, wurde gegründet. Das Kapital kam zum damaligen Zeitpunkt u. a. auch vom Aktienmarkt. Viele Kleinanleger, die auf der »Internet-Mobilfunk-Welle«, der sogenannten New Economy, mitreiten wollten, verloren weltweit sehr viel Geld. Bis heute wurde über die »Dotcom-

Blase« eine Menge Anlegervertrauen in Deutschland verspielt, insbesondere auch mit der Telekom-Aktie als »Volksaktie«.

Anzuführen sind aber auch die Terroranschläge auf das World Trade Center (WTC) in New York vom 11. September 2001. In diesem Zusammenhang wurde gar der Börsenhandel in den USA für sechs Tage ausgesetzt. Eine solche Handelsunterbrechung gab es zuletzt in der Weltwirtschaftskrise von 1933. Die Angst vor einem Krieg, dem »War-on-Terrorism« (»Bush at War« vgl. Woodward 2002), dominierten in jener Zeit die Börsen.

Richten wir nun den Blick auf das Börsengeschehen in der gegenwärtigen Corona-Krise. Hier haben sich die Finanzmärkte recht schnell wieder erholt. Vielmehr noch. Experten sind regelrecht überrascht von der »Dimension« einer solch schnellen Erholung an den Märkten – angesichts der Ungewissheit über den weiteren Verlauf der globalen Gesundheitskrise und der damit verbundenen ökonomischen Volatilität.

Von seinem Höchststand am 22. Februar 2020 – das war kurz vor dem Börsenrutsch im März – ist der Dow Jones nicht mehr weit weg. Der Nasdaq Composite hat gar im Juni schon wieder seinen Höchststand erreicht. Und auch der S&P 500 wie auch der deutsche Leitindex DAX sind zurück. Soweit zurück, dass sogar der Eindruck entstehen könnte, dass die Corona-Pandemie geradezu vorbei zu sein scheint. Die Finanzmärkte scheinen offensichtlich regelrecht vom Glauben beseelt zu sein, dass der Tiefpunkt der Rezession bereits erreicht worden wäre. Und der gezeigten Rezessionskurven-Verlauf des »Wurzelzeichens« dürfte diese Annahme durchaus auch stützen. Und dennoch sprechen Börsen-Beobachter von »Hoffnung in den Kursen« (vgl. Fonds Professional online 2020c). Wer letztlich Recht behalten wird, das dürfte sich im Herbst/Winter und damit im dritten bzw. vierten Quartal 2020 zeigen. Denn die massiven Liquiditätsmaßnahmen der Zentralbanken haben vorläufig zu einem neuen Boom an den Asset Märkten geführt. Allein die US-Notenbank Federal Reserve (Fed) stellte ein 2,3 Billionen US-Dollar schweres Programm für Unterstützungsleistungen zur Verfügung (vgl. Federal Reserve online 2020). Diese

Maßnahmen führten nicht nur zu einer Beruhigung an den Märkten für Unternehmensanleihen, sondern auch zu der jüngsten Rallye an den Aktienmärkten.

In dieser Folge ist nun eine völlige Entkoppelung der Asset Märkte im Juni 2020 zu beobachten: einer regelrechten Entkoppelung der Börse und des Immobilienmarktes von der realwirtschaftlichen Entwicklung. Denn es ist doch sehr verwunderlich, wie die Börsen zu neuen Höchstständen fahren und auch die Immobilienmärkte bislang kaum signifikante Korrekturen erfahren haben – nicht einmal bei »Problem-Immobilien«. Dies mag aber auch dem geringen Angebot geschuldet sein, auf welches nun die verfügbaren Geldmittel treffen.

Noch einmal zurück zur Finanzkrise 2008/2009, die den bereits eingeführten Begriff der NINJAs hervorgebracht hatte. Bereits heute im Juli 2020 und damit inmitten der Rallye an den Börsen kristallisiert sich wieder ein Begriff aus den USA heraus: »Robinhood«.

Der Hintergrund ist, dass einige Marktbeobachter neben den Maßnahmen der Zentralbanken eine »Online-Day-Trading-App« aus den USA mitunter als einen möglichen Grund für die derzeitige Rallye an den Börsen sehen. Eben »Robinhood – Investing for Everyone« (vgl. Robinhood online 2020). Eine App des 2013 gegründeten Unternehmens Fintech, die vordergründig auf die junge »Smartphone-Generation« (Generation Y) zugeschnitten ist und die während der Lockdown-Phase in den USA einen signifikanten Anstieg an Usern zu verzeichnen hatte. User, die mit einem Durchschnittsalter von 31 Jahren als unerfahrene Privatanleger eingestuft werden. Zahlreiche YouTube-Videos von jungen Menschen kursieren inzwischen im Internet. Unter den Usern sollen sich neben jungen Privatanlegern, die gerade versuchen, »schnelles Geld« zu machen, auch »Zocker« befinden. Angesichts geschlossener Spielcasinos in Zeiten des Lockdowns in den USA versuchte dieser Personenkreis nun eben hier sein »Glück« (vgl. exemplarisch Finanzen Net online 2020). Es wird berichtet, dass sich institutionelle Investoren hingegen eher aus der gegenwärtigen Börsenrallye zurückgehalten haben. Denn diese rechnen mit einem weiteren

Kurs-Abfall durch die Corona-Krise in Richtung Herbst/Winter 2020 (vgl. Fonds Professional online 2020a und auch das Wirtschafts-Kapitel in diesem Buch).

Hinsichtlich der kommenden Monate wird erwartet, dass die positiven Effekte der massiven Liquiditätsmaßnahmen der Zentralbanken abnehmen werden, wodurch die Entwicklung an den Finanzmärkten nur von temporärer Natur gewesen wäre. Auch Gespräche mit Unternehmensvertretern aus der Realwirtschaft heraus lassen für den bevorstehenden Herbst Optimismus nur in überschaubarem Maße zu. Zwar ist die von vielen befürchtete Insolvenz- und Entlassungswelle – zumindest in Deutschland – bislang nicht eingetreten, vielleicht auch weil die wichtigen und schnellen Notprogramme der Regierung zu greifen scheinen. Allerdings könnte diese auch nur verschoben worden sein. Denn die Insolvenzen und Arbeitslosigkeitszahlen werden nun für den anstehenden Herbst/Winter 2020 und damit nach dem dritten Quartal erwartet. Und das könnte dann auch der Zeitpunkt sein, zu welchem in letzter Konsequenz entsprechend auch die Finanzmärkte realisieren könnten: Die Kurse sind angesichts der globalen Gesundheitskrise und damit im Verhältnis zu den realwirtschaftlichen Fundamentaldaten überbewertet.

Literatur

Berliner Sparkasse online (2020): Die größten Börsencrashs der Geschichte. https://blog.berliner-sparkasse.de/die-groessten-boersencrashs-der-geschichte/. [Zugriff am 07.07.2020].

Bloomberg online (2020): Economic: Bond Market Flashes Stagflation Alarm After Fed's Gusher of Crash. https://www.bloomberg.com/news/articles/2020-06-04/bond-market-flashes-stagflation-alarm-after-fed-s-gusher-of-cash. [Zugriff am 05.07.2020].

Brookings Institution online (2020): The World Economy in 2020 – the IMF Gets it Mostly Right. https://www.brookings.edu/blog/future-developme

nt/2020/04/14/the-world-economy-in-2020-the-imf-gets-it-mostly-right/. [Zugriff am 04.07.2020].

Budzinski, O.; Michler, A. F. online (2020): Subprime Krise. In: GABLER Bankenlexikon online: https://wirtschaftslexikon.gabler.de/definition/subprime-krise-51706/version-274862. [Zugriff am 26.06.2020].

Bundesagentur für Arbeit online (2020): Der Arbeitsmarkt im Juni 2020. Massiver Einsatz von Kurzarbeit stabilisiert. https://www.arbeitsagentur.de/presse/2020-34-der-arbeitsmarkt-im-juni-2020. [Zugriff am 06.07.2020].

Bundesministerium für Wirtschaft und Energie online (2020): Die wirtschaftliche Lage in Deutschland im April 2020. https://www.bmwi.de/Redaktion/DE/Pressemitteilungen/Wirtschaftliche-Lage/2020/20200415-die-wirtschaftliche-lage-in-deutschland-im-april-2020.html. [Zugriff am 24.06.2020].

Bundesregierung online (2020)a: »Wir wollen mit Wumms aus der Krise kommen«. https://www.bundesregierung.de/breg-de/themen/coronavirus/-wir-wollen-mit-wumms-aus-der-krise-kommen-1757510. [Zugriff am 24.06.2020].

Bundesregierung online (2020b): Konjunkturpaket abschließend beschlossen: Absenkung der Mehrwertsteuer kommt. https://www.bundesregierung.de/breg-de/aktuelles/mehrwertsteuer-sinkt-1759706. [Zugriff am 24.06.2020].

Capital online (2020): Die spektakulärsten Börsencrashs der Geschichte. https://www.capital.de/geld-versicherungen/ranking-die-spektakulaersten-boersencrashs. [Zugriff am 07.07.2020].

Deloitte online (2020): COVID-19 Briefing: Konjunkturszenarien für die Nach-Corona-Zeit. https://www2.deloitte.com/de/de/blog/covid-19-briefings/2020/covid-19-briefing-konjunkturszenarien.html. [Zugriff am 06.07.2020].

Deutscher Gewerkschaftsbund online (2020): Öffentliche Investitionen für eine stabile Binnenwirtschaft. https://www.dgb.de/themen/++co++4b9c4010-9402-11e9-897b-52540088cada. [Zugriff am 06.07.2020].

Deutsche Bundesbank online (2020): EZB Zinssätze. https://www.bundesbank.de/de/statistiken/geld-und-kapitalmaerkte/zinssaetze-und-renditen/ezb-zinssaetze-607806. [Zugriff am 20.06.2020].

European Central Bank online (2020): ECB announces EUR 750 billion Pandemic Emergency Purchase Programme (PEPP). https://www.ecb.europa.eu/press/pr/date/2020/html/ecb.pr200318_1. html. [Zugriff am 25.06.2020].

Federal Reserve online (2020): Federal Reserve Takes Additional Actions to Provide Up to 2.3 Trillion in Loans to Support the Economy. https://www.federalreserve.gov/newsevents/pressreleases/monetary20200409a.htm. [Zugriff am 7.7.2020].

Fonds Professional online (2020a): EZB feuert aus allen Rohren. https://www.fondsprofessionell.de/news/maerkte/headline/ezb-feuert-aus-allen-rohren-198134/newsseite/4/uebersichtseite/3/newsbild/7/. [Zugriff am 26.06.2020].

Fonds Professional online (2020b): Ofi AM: Ist der Albtraum bald vorbei? https://www.fondsprofessionell.de/news/maerkte/headline/ofi-am-ist-der-albtraum-bald-vorbei-198237/. [Zugriff am 06.07.2020].

Fonds Professional online (2020c): Eyb & Wallwitz: Stirbt die Hoffnung im Herbst? https://www.fondsprofessionell.de/news/maerkte/headline/eyb-wallwitz-stirbt-die-hoffnung-im-herbst-198143/. [Zugriff am 07.07.2020].

Frankfurter Rundschau online (2020): Wirtschaft: Corona-Krise: Deutscher Export bricht um 30 Prozent ein. https://www.fr.de/wirtschaft/corona-krise-kinderbonus-euro-gefordert-konjunkturprogramm-zr-13589715.html. [Zugriff am 20.06.2020].

Gesellschaft für Kosumforschung online (2020): Konsumklima erholt sich weiter – Verbraucher erwachen aus Schockstarre. https://www.gfk.com/de/presse/Konsumklima-erholt-sich-weiter?hsLang=de. [Zugriff am 24.06.2020].

Grundmann, S. u. a. (2009): Finanzkrise und Wirtschaftsordnung: Krisenursachen, Finanzmarktstabilisierung, Finanzmarktstabilität. In: Grundmann, S.; Hofmann, C.; Möslein, F. (Hrsg.): Finanzkrise und Wirtschaftsordnung. Berlin: DeGruyter, 2009, S. 1–40.

Handelsverband Deutschland (2020): HDE-Konsumbarometer Juni 2020. https://einzelhandel.de/konsumbarometer. [Zugriff am 26.06.2020].

Homm, F.; Hessel, M. (2019): Der Crash ist da: Was Sie jetzt tun müssen! Anlagen, Immobilien, Ersparnisse, Arbeit. München: FinanzBuch Verlag.

Ifo Institut online (2020a): Coronavirus. https://www.ifo.de/themen/coronavirus. [Zugriff am 26.06.2020].

Ifo Institut online (2020b): ifo Konjunkturprognose Sommer 2020: Deutsche Wirtschaft – es geht wieder aufwärts. https://www.ifo.de/ifo-konjunkturprognose/20200701. [Zugriff am 04.07.2020].

International Monetary Fund online (2017): World Economic Outlook, October 2017 – Seeking Sustainable Growth: Short-Term Recovery, Long-Term Challenges. https://www.imf.org/en/Publications/WEO/Issues/2017/09/19/world-economic-outlook-october-2017. [Zugriff am 19.06.2020].

International Monetary Fund online (2019): IMF Country Focus: Five Takeaways from Germany's Economic Outlook. https://www.imf.org/en/News/Articles/2019/07/09/na07092019-five-takeaways-from-germanys-economic-outlook. [Zugriff am 25.06.2020].

International Monetary Fund online (2020): World Economic Outlook Update, June 2020: https://www.imf.org/en/Publications/WEO/Issues/2020/06/24/WEOUpdateJune2020. [Zugriff am 25.06.2020].

Iskan, S. (2016): Gebietsspeditionen in der Sackgasse: Ausschreibungen und Verträge lassen Auftragnehmern kaum noch Spielraum. In: Deutsche-Verkehrs-Zeitung (DVZ), Themenheft Automobillogistik, 29. Januar 2016, S. 7.

Iskan, S. (2021): Zukunftsbranche Logistik: Zwischen Digitalisierungsdruck und analogen Herausforderungen (Arbeitstitel). Frankfurt/New York: Campus. (im Erscheinen)

Iskan, S.; Schmidt, K.-J. (2021): Automotive Supply Chain Management: Abbremsen und Beschleunigen – Die neue Welt der Automobilindustrie. Wiesbaden: Springer Gabler. (im Erscheinung).

Kaelble, M. (2020): V, W, U, L: Die vier wichtigsten Szenarien der Corona-Rezession. In: Capital online: https://www.capital.de/wirtschaft-politik/v-w-u-l-die-vier-wichtigsten-rezessionsszenarien. [Zugriff am 06.07.2020].

Krugman, P. R.; Obstfeld, M. (2004): Internationale Wirtschaft: Theorie und Politik der Außenwirtschaft. 6. Auflage. München: Pearson.

Kunze, R.-U. (2017): Global History und Weltgeschichte: Quellen, Zusammenhänge, Perspektiven. Stuttgart: Kohlhammer.

Lachmann, W. (2003): Volkswirtschaftslehre 1. 4. Auflage. Berlin/Heidelberg: Springer.

Lachmann, W. (2004): Volkswirtschaftslehre 2. 2. Auflage. Berlin/Heidelberg: Springer.

Li, V. (2020): What Will Come in the Aftermath of Coronavirus for Economy? I'd Worry About Stagflation. https://www.cnbc.com/2020/03/19/what-comes-after-coronavirus-for-economy-worry-about-stagflation.html. [Zugriff am 05.07.2020].

Lindenblatt, R.; v. Buttlar, H. (2020): Robert Shiller: »Wir werden mehr Kameradschaft erleben«. In: Capital online: https://www.capital.de/wirtschaft-politik/robert-shiller-wir-werden-mehr-kameradschaft-erleben. [Zugriff am 19.06.2020].

Mankiw, N. G. (2000): Makroökonomik. Mit vielen Fallstudien. 4., überarbeitete Auflage. Stuttgart: Schäffer-Poeschel.

Manager Magazin online (2020): Historische Turbulenzen: Die größten Börsencrashs der Geschichte. https://www.manager-magazin.de/fotostrecke/historische-turbulenzen-die-groessten-boersencrashs-der-geschichte-fotostrecke-97026.html. [Zugriff am 07.07.2020].

McKinsey online (2020): Reformen jetzt in Wirtschaft und Politik: COVID-19 als Startpunkt für Erneuerung in Deutschland. https://www.mckinsey.de/. [Zugriff am 06.07.2020].

Michler, A. F.; Smeets, H.-D. (2011): Die Finanzkrise: Ursachen, Wirkung und Maßnahmen. In: Michler, A. F.; Smeets, H. D. (Hrsg.): Die aktuelle Finanzkrise: Bestandsaufnahme und Lehren für die Zukunft. Stuttgart: Lucius & Lucius, 2011, S. 3–32.

Müller, D. (2018): Machtbeben: Die Welt vor der größten Wirtschaftskrise aller Zeiten: Hintergründe, Risiken, Chancen. 8. Auflage. München: Heyne Verlag.

National Bureau of Statistics of China online (2020): Purchasing Managers Index for May 2020. http://www.stats.gov.cn/english/PressRelease/202006/t20200601_1753274.html. [Zugriff am 06.07.2020].

New York Times online (2020): I.M.F. Predicts Worst DownTurn Since the Great. In: Ney York Times online: https://www.nytimes.com/2020/04/14/us/politics/coronavirus-economy-recession-depression.htmlDepression. [Zugriff am 05.07.2020].

OECD online (2020a): OECD-Wirtschaftsausblick: Die Erholung nach dem Lockdown wird ein Drahtseilakt. https://www.oecd.org/berlin/presse/oecd-wirtschaftsausblick-die-erholung-nach-dem-lockdown-wird-ein-drahtseilakt.htm. [Zugriff am 04.07.2020].

OECD online (2020b): OECD Economic Outlook. https://www.oecd-ilibrary.org/economics/oecd-economic-outlook_16097408. [Zugriff am 04.07.2020].

OECD online (2020c): Economic Outlook No 107 – June 2020 – Single-Hit Scenario. https://stats.oecd.org/Index.aspx?DataSetCode=EO107_INTERNET_1. [Zugriff am 04.07.2020].

OECD online (2020d): Economic Outlook No 107 – June 2020 – Double-Hit Scenario. https://stats.oecd.org/Index.aspx?DataSetCode=EO. [Zugriff am 04.07.2020].

Robinhood online (2020): Investing for Everyone. https://robinhood.com/us/en/. [Zugriff am 07.07.2020].

Roach, S. (2020): A Return to 1970s Stagflation is Only a Broken Supply Chain Away – The Death of Inflation Has Been Exxagerated and After the Pandemic We May Need it. In: Financial Times online: https://www.ft.com/content/5f4ef4f6-8ad6-11ea-a109-483c62d17528. [Zugriff am 05.07.2020].

Sachverständigenrat online (2020): Sondergutachten 2020: Die Gesamtwirtschaftliche Lage Angesichts der Corona-Pandemie. https://www.sachverstaendigenrat-wirtschaft.de/sondergutachten-2020.html. [Zugriff am 4.7.2020].

Schwarzer, D. (2015): Die Europäische Währungsunion: Geschichte, Krise und Reform. Stuttgart: Kohlhammer.

Shiller, R. J. (2020): Now the World Faces Two Pandemics – One Medical, One Financial. In: The Guardian online: https://www.theguardian.com/business/2020/apr/01/now-the-world-faces-two-pandemics-one-medical-one-financial-coronavirus. [Zugriff am 19.06.2020].

Statista online (2020a): Saison- und kalenderbereinigte Anzahl der Erwerbstätigen mit Wohnsitz in Deutschland (Inländerkonzept) von April 2019 bis April 2020: https://de.statista.com/statistik/daten/studie/1376/umfrage/anzahl-der-erwerbstaetigen-mit-wohnort-in-deutschland/. [Zugriff am 22.06.2020].

Statista online (2020b): Anzahl der Kurzarbeiter in Deutschland von 1991 bis 2019 (Jahresdurchschnittswerte) und im Mai 2020: https://de.statista.com/statistik/daten/studie/2603/umfrage/entwicklung-des-bestands-an-kurzarbeitern/. [Zugriff am 22.06.2020].

The World Bank online (2020a): World Development Indicators. https://datacatalog.worldbank.org/dataset/world-development-indicators. [Zugriff am 26.06.2020].

The World Bank online (2020b): Global Economic Prospects. https://datacatalog.worldbank.org/dataset/global-economic-prospects. [Zugriff am 04.07.2020].

The World Bank online (2020c): GDP Growth (Annual %). https://data.worldbank.org/indicator/NY.GDP.MKTP.KD.ZG. [Zugriff am 04.07.2020].

v. Buttlar, H. (2020): »Wir sollten eine Billion ausgeben ohne mit der Wimper zu zucken«. In: Capital online: https://www.capital.de/wirtschaft-politik/wir-sollten-eine-billion-ausgeben-ohne-mit-der-wimper-zu-zucken. [Zugriff am 19.06.2020].

Walz, H. (2020): Ziemlich wackelig. In: Rheinpfalz am Sonntag. 21. Juni 2020, S. 6.

Waschbusch, G. online (2020): NINJA-Kredite. In: GABLER Bankenlexikon online: https://www.gabler-banklexikon.de/definition/ninja-kredite-70935/version-347658. [Zugriff am 22.06.2020].

Wigger, B. U. (2004): Grundzüge der Finanzwissenschaft. Berlin/Heidelberg: Springer.

Woodward, B. (2002): Bush At War. New York: Simon & Schuster.

Corona als Beschleuniger der Digitalisierung und Automatisierung

Stefan Iskan und Robert Kölbl

Der Blick in die Wirtschaft hat gezeigt: Weder sicher geglaubte Konzerne noch innovative Hidden Champions aus dem Mittelstand können sich derzeit noch den ökonomischen Folgen der Corona-Krise entziehen. Ob bereits finanziell angeschlagene Unternehmen oder wirtschaftlich gar gesund geführte Betriebe: Sie alle werden in den »Strudel« hineingezogen. Verschuldet oder unverschuldet. Das spielt kaum noch eine Rolle. Doch es sind nicht nur ökonomische Herausforderungen, denen sich die Wirtschaft stellen muss.

Vor allen Dingen sind es auch technologische Veränderungskräfte, die parallel wirken und ein Handeln erfordern.

Der Hashtag »Wir bleiben zuhause« ist bis heute nicht nur in den sozialen Medien und im TV beliebt, sondern er wurde in den vergangen Monaten der Pandemie auch Realität: für Politiker, Führungskräfte und Beschäftigte, Lehrer, Professoren, Schüler und Studierende gleichermaßen. »Home Schooling« und »Online Semester« mussten binnen weniger Tage realisiert und das US-Videokonferenzsystem ausgewählt werden, das am stabilsten, noch am ehesten den hiesigen Datenschutzanforderungen entsprechen und zugleich auch noch die wenigsten »bekannten« Sicherheitslücken aufweisen würde. In kürzester Zeit mussten für das Online-gestützte Arbeiten, Lehren und Lernen Entscheidungen in Fragestellungen getroffen werden, die selbst auf Seiten des Gesetzgebers bis heute nicht immer vollständig erfasst und beantwortet sind. Und während sich Bürgerinnen und Bürger besorgt über die datenschutzrechtliche Nutzung der seit dem 16. Juni 2020 verfügbaren Corona-Warn-App der Bundesregierung zeigen, nutzen ca. 58 Millionen Menschen unter ihnen täglich den US-Messenger Dienst »WhatsApp« und laden hier zum Teil nahezu ihr gesamtes Privatleben hinein – bis hin zu Buchhaltungsbelegen und Krankenbefunden (vgl. Allfacebook online 2020, Bundesregierung online 2020a). Und das mit hoher Wahrscheinlichkeit ohne jemals einen Blick in die Tiefen der Allgemeinen Geschäftsbedingungen der Facebook-Tochter geworfen zu haben.

Und genau diese digitalen Umwälzungen mit all ihren Vor- und Nachteilen sind es, die jetzt in der Corona-Pandemie für sämtliche Wirtschafts-, aber auch Gesellschaftsbereiche »so plötzlich« für jeden so augenscheinlich geworden sind. Doch kommt das Phänomen der »Digitalisierung« wirklich so überraschend?

Nein. Denn eine der größten Herausforderungen, denen wir nicht erst seit der Corona-Pandemie in Wirtschaft und Gesellschaft gegenüberstehen, ist die Digitalisierung und damit der bewusst gewollte industriepolitische Umbau ganzer Wirtschaftszweige hin zu einer Industrie 4.0. Und dies eben nicht nur in Deutschlands

Leitindustrie, der Automobilbranche. In der »Wellness Oase«, Staat und Unternehmen, wurden diese Veränderungen in der Vergangenheit nur nicht hart genug angesprochen, weshalb viele Aspekte der Digitalisierung oftmals noch unbemerkt von der ganz großen Öffentlichkeitswahrnehmung diskutiert wurden und werden. Und das obwohl der Digitalisierung durch ihre Breitenwirkung und Geschwindigkeit, in der sie sich fast zeitgleich länder- und branchenübergreifend vollzieht, das Potenzial zugesprochen wird, tiefgreifende Spuren in ganzen Branchen, Unternehmen und den gesellschaftlichen Strukturen des Staates zu hinterlassen (vgl. auch Ford 2015).

Sowohl in den Unternehmen als auch in unserer Gesellschaft stehen wir an vielen Punkten am Anfang, ohne dabei das Ausmaß und die damit einhergehenden Konsequenzen für Arbeit, Lernen, Leben und sozialen Frieden bislang vollständig erfasst und durchdacht zu haben. Wir wollen daher nachfolgend einige Beobachtungen aus der Zeit vor und während der Corona-Krise konsolidieren und zukünftige Überlegungen teilen.

Digitalisierung: Begriffsbestimmung

Fangen wir zunächst einmal mit der Begriffsbestimmung an. Digitalisierung, Industrie 4.0 oder Industrial Internet. Wie immer man das Phänomen jetzt auch bezeichnen mag. »Digitalisierung« ist fast schon inflationär in aller Munde. Doch was bedeutet das genau? Zunächst einmal ist von Digitalisierung immer dann die Rede, wenn es um gesamtgesellschaftliche oder gesamtwirtschaftliche Fragestellungen geht. Kommt die verarbeitende Industrie mit ins Spiel, dann wird häufig zum Begriff Industrie 4.0 übergegangen (vgl. Schmid u. a. 2019, S. 27). Was ist hierunter nun genauer zu verstehen?

Vor rund neun Jahren hat die Bundesregierung das Zukunftsprojekt Industrie 4.0 ins Leben gerufen. Genauer gesagt im Zuge ihrer Hightech-Strategie. Der Begriff »Industrie 4.0« fußt dabei auf der Mechanisierung von Produktionsanlagen im 18. Jahrhundert, insbesondere auf der Erfindung des mechanischen Webstuhls 1784 (erste industrielle Revolution). Mit dem Einsatz erster Fließbänder in den Schlachthöfen von Cincinnati 1870 und der damit einhergehenden Einführung arbeitsteiliger Massenfertigung, vor allen Dingen im industriellen Sektor mit angeschoben durch das Fließband von Henry Ford 1913, wurde der Weg in die zweite industrielle Revolution geebnet. Die erste Speicherprogrammierbare Steuerung (SPS) im Jahr 1969 steht letztlich beispielhaft für den Übergang in die dritte industrielle Revolution, die seit Beginn der 1970er Jahre die Elektronik und Informationstechnologie (IT) zur Automatisierung von Produktionsprozessen in den Blickpunkt industrieller Fertigungsprozesse rückte (vgl. auch Seiter u. a. 2016, S. 7).

Folgt man nun dem Bundesministerium für Bildung und Forschung (online 2018), dann steht der Begriff Industrie 4.0 für die Digitalisierung der Industrie. In der Praxis der Unternehmen gibt es dazu jedoch ein recht unterschiedliches Zugangsverständnis. Während die einen von der »reinen« Umwandlung analoger Daten, also in erster Linie Papier, in digitale Informationen sprechen, verstehen andere wiederum Digitalisierung als einen größeren Ansatz. Nämlich einen Ansatz ihre Produkte, ihr Dienstleistungs- und Service-Angebot, sowie die gesamten Prozesse und Arbeitsschritte in ihren Betrieben weiter zu optimieren.

Und sie gehen sogar noch einen Schritt weiter. Sie sehen in der Digitalisierung einen wertvollen Ansatz, ihr heutiges Setup der Geschäftstätigkeit radikal zu hinterfragen und komplett neue Geschäftsmodelle unter Nutzung neuer technologischer Möglichkeiten zu entwickeln. Hierzu zählen nicht nur die Leistungserstellung, wie etwa eine Produktion, sondern auch Wege des Vertriebs und der Kundeninteraktion (vgl. auch Schmitt 2017 und Pflaum u. a. 2017, S. 6). Dass damit in letzter Konsequenz die Frage einer inkrementellen, also einer risiko-aversen Verbesserung in kleinen Schritten, versus einer radikalen, risiko-freudigeren Veränderung einhergeht, dürfte an dieser Stelle offenkundig sein. Wir wollen hierauf am Ende unseres Beitrages noch einmal zu sprechen kommen, wenn wir unsere Beobachtungen am Standort Deutschland zusammentragen.

Digitalisierung: Zielsetzung

Mit einer Industrie 4.0 soll folglich nicht nur der bewusst gewollte Umbau ganzer Wirtschaftszweige am »Hochlohn-Standort Deutschland« vorangetrieben werden. Nein, damit ist die Weiterentwicklung ganzer Wertschöpfungsarchitekturen und die Anreicherung von Produkten um hochwertige Dienstleistungen gewollt (vgl. Bundesministerium für Bildung und Forschung 2018). Und das global. Im Rahmen einer Industrie 4.0 sollen demzufolge in Zukunft Fabriken und logistische Lieferketten in der Lage sein, sich weitgehend selbst autonom zu steuern. Auf Basis von Daten könnten sie sich zudem nahezu in Echtzeit selbst optimieren und überwachen (»Predictive Analytics«). So die Vision dahinter: die Vision einer »Smart Factory«, einer teil- bzw. vollautomatisierten und intelligenten Fabrik der Zukunft (vgl. Schmid; J. et. al. 2019. S. 27).

Hierzu erforderlich sind u. a. Objekte, die mit Sensoren und Aktoren ausgestattet sind. Beispielhaft kann man sich hierunter Produktionsmaschinen, Produktionsmaterial und auch Ladungsträger, auf denen die Produktionsmaterialien transportiert werden, vorstellen. Diese Gegenstände werden mit Kleinstcomputern ausgestattet und können etwa über ihre Internet-Adresse zielgerichtet angesteuert werden. Zudem werden sie dadurch befähigt, sich untereinander zu verbinden, mit anderen Objekten zu interagieren und damit in letzter Konsequenz gewünschte Prozessabfolgen selbst anzustoßen (Bundesministerium für Wirtschaft und Energie 2015, S. 9). Geht es um derartige Objekte, dann sprechen Experten häufig auch von »Cyber Physical Systems« und »Embedded Systems«. Um sich das Ganze einmal auf den eigenen Alltag transferiert vorstellen zu können, wäre beispielsweise auch ein Smartphone oder »smarter« Kühlschrank im Haushalt eine Art »Embedded System«.

5G: Die Mobilfunkgeneration für Industrie 4.0

Die Vision einer Industrie 4.0, insbesondere der oben skizzierten »Smart Factory« mit ihren vernetzten logistischen Prozessen, ist ohne integrierte und vorauseilende Datenkommunikation jedoch nur eingeschränkt darstellbar. 2019 sind daher die ersten Frequenzen für die fünfte Mobilfunkgeneration (5G) in Deutschland versteigert worden. Nach fast 500 Bieterrunden gingen die Frequenzen für rund 6,5 Mrd. EUR im Juni 2019 an die Mobilfunkbetreiber Deutsche Telekom, Vodafone, Teléfonica Germany und Drillisch Netz (vgl. Bundesnetzagentur online 2020 und t-online 2020). In Deutschland müssen nun rund 80 000 Mobilfunkmasten technisch aufgerüstet werden. Politisch sorgt bis zum heutigen Tag die geplante, großflächige Nutzung von Komponenten des chinesischen Technologiekonzerns Huawei für Diskussion. Die von vielen Branchenkennern als extrem leistungsstark und innovativ geschätzte Netzwerktechnologie von Huawei wurde bisher nur beim Ausbau des LTE-Netzes in der Fläche verwendet. Auch von der Deutschen Telekom. Die rein politisch getriebene Diskussion um Huawei im Zuge der weiteren 5G-Umsetzung wird daher noch abzuwarten sein.

Hervorheben wollen wir, dass 5G weit weniger einen Mehrwert für den Privathaushalt schaffen soll, als vielmehr einen Weg, die branchenübergreifenden Herausforderungen bis 2030 zu meistern. Während nämlich mit dem bisherigen 4G-Standard die klassischen Bedarfe der Konsumenten, wie etwa Telefonie und Datendienste, auch zukünftig durchaus gut abgedeckt sein dürften, ergeben sich im Rahmen einer »Smart Factory« und deren Logistik im industriellen Umfeld und Handel darüber hinausgehende Herausforderungen für die Mobilfunknetze (vgl. Bundesministerium für Verkehr und digitale Infrastruktur online 2020). Diese sind etwa der Bedarf einer höheren Datenkapazität sowie die Forderung nach einer geringeren Reaktionszeit (Latenzzeit), die mit 5G bewältigt werden sollen (vgl. Nationaler IT Gipfel Berlin 2015, S. 7).

5G soll also eine technologische Grundlage für verschiedene, zukünftige Anwendungsgebiete in Deutschland bilden. Zu nennen sind hier neben den Bereichen der Forschung vor allen Dingen auch Anwendungsfelder des hochautomatisierten Fahrens mit Sensor-Datenaustausch zwischen den Verkehrsteilnehmern, die Vernetzung und Steuerung der Industrieautomatisierung (»Machine-2-Machine«) und Echtzeit-Verfolgung von Produkt-Bearbeitungsprozessen in und zwischen den Fabriken bis in die End-Auslieferung hinein. Aber auch Anwendungen, wie etwa die telemedizinische Notfallversorgung und medizinische Überwachung, eine dynamische, verbrauchsbasierte und möglichst ressourcenschonende Steuerung des Energie-Netzes (»Smart Grids«) zählen hierzu. Genau für derartig gelagerte Anwendungsfelder werden die Kommunikationsverbindungen in lokalen und regionalen Strukturen mit sehr kleiner Latenz und »ultra-«zuverlässiger Verbindung schon heute erforderlich (vgl. Nationaler IT Gipfel 2015, S. 9ff. und Jacobfeuerborn 2018).

Herausforderung: Technologischer Fortschritt versus Produktivität

Wenn wir uns in diesem Beitrag schon mit technologischem Fortschritt vor und während der Corona-Krise auseinandersetzen, dann müssen wir in diesem Zusammenhang gleichzeitig auch die Dimension »Produktivität« in die Betrachtung mitaufnehmen. Produktivität stellt in der Ökonomie eine Kenngröße langfristigen

Wohlstands, Wachstums und sozialer Stabilität dar. Und hier ist zu beobachten, dass es trotz des technologischen Fortschritts in den zurückliegenden Jahren kaum noch einen signifikanten Zuwachs an Produktivität zu verzeichnen gab. Dieser Umstand, dass also technologische Innovation scheinbar nicht mit zu erwartenden Produktivitätsfortschritten einhergeht, konfrontiert Forscher aus den Disziplinen Ökonomie und Technologie mit vielfältigen Fragestellungen (vgl. Fritsche; Harms 2017, S. 83ff.). Auf eine tiefgreifende Diskussion zu diesem Thema soll hier verzichtet werden. Nur so viel: Im Zuge einer sich entwickelnden Industrie 4.0 »Welt« wird sehr intensiv über die Ansätze diskutiert, über die sich die letzten Effizienz-, Qualitäts- und Produktivitätspotenziale noch heben lassen. Und angesichts der zu erwartenden Rückschläge der Wirtschaftsleistung durch die Corona-Krise dürfte hier noch einmal richtig »Druck auf den Kessel« am »Hochlohn-Standort« Deutschland kommen. Die nachfolgende Abbildung veranschaulicht abschließend das andiskutierte Thema der Arbeitsproduktivität am Beispiel der G7-Staaten.

Losgelöst von der obigen »Produktivitäts-theoretischen« Debatte dürfte es allerdings unter vielen Experten als unbestritten gelten, dass mit den gegenwärtigen technologischen Entwicklungen Potenziale einhergehen. Hierunter auch das Potenzial, etwaige »Spielregeln« in der globalen Wirtschaft im Allgemeinen und in dezidierten Branchen im Speziellen in Frage zu stellen.

Technologische Entwicklung: Der »Albtraum-Wettbewerber«

Blicken wir also auf diese »neuen« Spielregeln, indem wir uns zunächst fragen, was den »schlimmsten Albtraum-Wettbewerber« heute ausmacht.

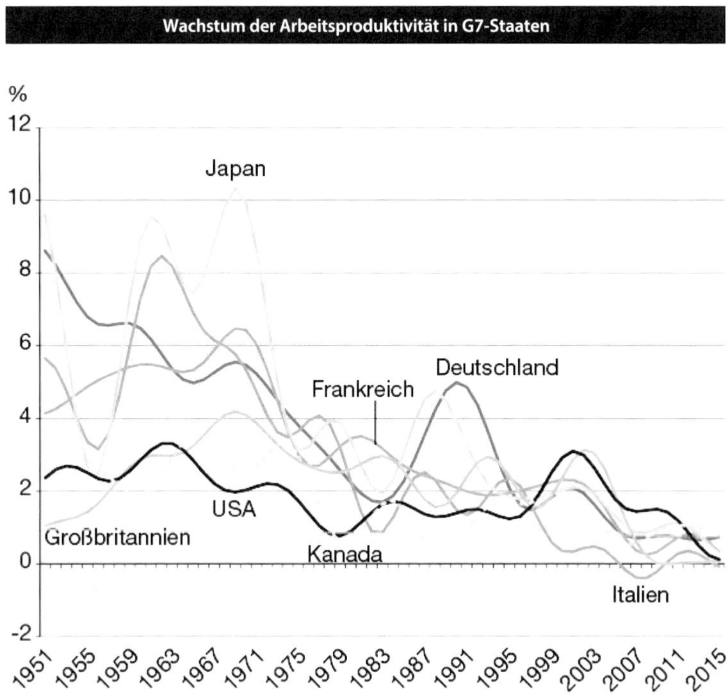

Abb. 6: Wachstum der Arbeitsproduktivität in G7-Staaten. Quelle: Fritsche; Harms 2017, S. 93.

Gleichsam ob ein internationaler Mobilitätsanbieter, eine internationale Hotel-Kette, ein global aufgestellter Automobilkonzern, ein Finanzinstitut oder auch ein Logistikdienstleister: Unternehmensvertreter dieser und vieler weiterer Branchen dürften mit großer Sicherheit sagen, dass der »Albtraum-Wettbewerber« vermehrt in ein stark Plattform-gestütztes Business als Geschäftsmodell der Zukunft investiert. Hinzu kommen entsprechende »Data Analytics«: Instrumente, die aus vorhandenen Datenstrukturen »smarte« Daten kreieren, um daraus entsprechende Ableitungen hinsichtlich Prozesse, Produkte und Services treffen zu können. In diesem Zusammenhang legt der »Albtraum-Wettbewerber« zudem enormen

Wert auf eine durchgängige Konnektivität in Form von Application Programming Interfaces (APIs) zu all seinen Kunden, aber auch zu seinen vor- und nachgelagerten Partnern.

Er zeichnet sich außerdem auch dadurch aus, dass er auf einen nahezu unbeschränkten Zugang an Ressourcen (Kapital und Personal) zurückgreifen kann. Aus Sicht der »Unternehmens-DNA« ist der absolute »Albtraum-Wettbewerber« zudem von enorm starken Unternehmerpersönlichkeiten beseelt. »Leader«, die permanent Veränderungsbereitschaft und einen »positiven Hunger« nach Erfolg innerhalb ihrer Organisation schüren. Das Management ist hinsichtlich Veränderungen eher ein stark emotionaler »Visionär« als ein von »Mikro-Controlling besessener Missionar« (vgl. Iskan; Staudt 2015a, S. 43f.).

Mit Blick auf die Spielregeln ist ferner zu beobachten: Während in der Vergangenheit sämtliche IT-Revolutionen aus dem Industrie-Sektor hervorgingen und Einzug in den sogenannten Konsumentenbereich fanden, erfolgt heute immer stärker eine Rückkopplungsschleife aus dem privaten Konsumentenbereich in die Industrie hinein. Beispielhaft seien hier etwa »Gamification« oder der Einsatz von Apps, Smartphones und Tablets auch im produktionellen Umfeld erwähnt.

Aber auch die Ressourcen-Ausstattung in den Unternehmen selbst verschiebt sich zunehmend. Sie ist dabei Ausgangspunkt für neue Wertschöpfungsstrukturen und Zusammenarbeitsmodelle. So bieten Unternehmen wie Amazon oder IBM heute Cloud-Plattformen und kognitive Systeme als »Software-as-a-Service« (SaaS) für Unternehmen an. Unternehmen erhalten über dieses weniger kapitalintensive Modell (»Asset Light«) einen Online-Zugang und damit Zugang zu Instrumenten aus dem Bereich der Künstlichen Intelligenz (KI), die nicht nur mit der Ambivalenz unterschiedlicher Datenstrukturen und sogar menschlicher Sprache umgehen, sondern auch mit etwas »Anlernen« eigenständig Ableitungen aus zuvor analysierten Daten ziehen können.

Und genau diese technologische Entwicklung dürfte es auch sein, die vielen Menschen in Gesellschaft und Wirtschaft mitunter auch »Angst« machen dürfte (vgl. zu KI auch Eberl 2016). Im Zuge der vorherigen Debatte ist es gerade diese Phase der technologischen Entwicklung, die in Forschung, Politik und Wirtschaft eine Trendwende bzgl. der Arbeitsproduktivität herbeiführen könnte. Denn die technologische Entwicklung verläuft in den Augen diverser Autoren in ihrer Geschwindigkeit nicht mehr linear, sondern vielmehr mit exponentieller Geschwindigkeit (vgl. u. a. Schwab 2016 oder auch Brynjolfsson; McAfee 2016).

Hervorheben wollen wir an dieser Stelle, dass Computer-Architekturen heutzutage jedoch noch stark an Arbeitsspeicher gebunden sind. Nur zu diesem Zweck die Performance auf der Rechnerseite in den Unternehmen steigern zu wollen, wird den zukünftigen Arbeitsbedingungen jedoch nicht mehr gerecht werden. Eine Leistungsentfaltung, wie sie mit einer vernetzten Industrie 4.0 eben erwartet wird, wird erst durch das Auflösen von Speicher- und Netzwerkengpässen ermöglicht werden können (vgl. Intel online 2020). Und ein Ende der Zunahme der Rechnerkapazitäten ist nicht abzusehen. Nicht wenige hatten erwartet, dass das »Mooresche Gesetz« – aufgestellt 1965 von Intelchip-Mitbegründer Gordon Moore – einmal keine Gültigkeit mehr besitzen würde (vgl. Intel online 2020).

Die IT wird folglich in Unternehmen, sowie öffentlichen Institutionen und Behörden kein Hemmnis mehr darstellen. Ein Hindernis könnte höchstens in der Art und Weise liegen, wie und mit welchen »fähigen« Personen öffentliche Institutionen und Unternehmen ihre IT »managen« und in welchen Preis-Leistungsrelationen sie angeboten werden. Technologie ist der Treiber für Prozesse und Organisationen der Zukunft (vgl. Iskan; Staudt 2015b, S. 11.). Und Technologien werden in diesem Zusammenhang mit weiteren leistungsstarken Technologien verknüpft, aus denen genau in dieser Kombination wiederum noch leistungsstärkere Lösungen, Geschäftsmodelle und Kollaborationen entstehen können. So ist es sogar vorstellbar, dass Unternehmen Künstliche Intelligenz in ihr Vorstands- und Geschäftsführungsgremium berufen könnten. Weltweit medienwirksam wurde dies beispielsweise von

Deep Knowledge Ventures mit Sitz in Hongkong inszeniert, als sie ihr Tool »VITAL« in den Vorstand berufen hatten. Freilich gingt es möglicherweise zunächst darum, eine attraktive Story für den Markt zu haben und weiter Wagniskapital für die eigene Unternehmung einzusammeln. Doch lassen sich hieraus durchaus weitergehende Überlegungen für die Zukunft anstellen (vgl. Deep Knowledge Venture online 2020 und Nikkei Asian Reviews online 2020).

Ein anderes, relativ prominentes Beispiel für eine Wertschöpfungspartnerschaft, auch »Co-Creation« genannt, ist das Zusammenwirken zwischen dem US-Unternehmen Local Motors und IBM. So ist im gemeinsamen »Co-Creation Produkt« namens Olli, einem Elektro-Fahrzeug aus einem 3D-Drucker, IBMs kognitives System Watson in das Fahrzeug von Local Motors eingebettet (vgl. Local Motors online 2018). »Watson«, »Olli«, »Siri«, »Alexa«, »Echo« oder »VITAL«: Ihnen allen ist gemein, dass smarte Entscheider ihnen den Menschen vertraute Namen verpassen, um den Nutzern auf der einen Seite die Hemmungen zu nehmen, diese Produkte zu verwenden und um sie gleichzeitig bewusst in die systematische Welt der Künstlichen Intelligenz hineinzuziehen.

Greifen wir noch einmal den Aspekt der Kollaboration auf. Kollaboration wird heute auch als eine Möglichkeit der Innovations-Entwicklung gesehen. Von daher geht in letzter Konsequenz eine weitere Überlegung einher: Wie schnell und flexibel lassen sich Partner einbinden und auch wieder abdocken? Und das nicht nur als eine Fragestellung der technischen Schnittstellenbeschreibung, sondern auch hinsichtlich der Ressourcen-Beschaffung. Hervor getan hat sich hierbei das Konzept des sogenannten »Crowdsourcings«: Projekt-bezogene Aufgabenstellungen werden dabei über eine Privat Cloud an externe Partner vergeben (vgl. Gabler Wirtschaftslexikon online 2018). Zukünftige Geschäftsmodelle, gerade im IT-bezogenen Anwendungssektor, dürften derartig gestaltet sein, dass »geprüfte Freelancer« über eine unternehmenseigene Plattform nach Know-How-Kategorien gebündelt und strukturiert werden. Diese Personengruppen werden nach Bedarf und damit

Projekt-bezogen über die Cloud zusammengetragen und nach Beendigung der einzelnen Projekte wieder »losgelassen«. Die Weiterbildung der »Freelancer« erfolgt dabei sogar entlang des Bedarfes der Unternehmung, die für diese Qualifikationsaufwendungen auch aufkommen dürfte und diese auch organisiert.

Derartig gelagerte Modelle dürften aus der Perspektive der jeweiligen Unternehmen einen weiteren Beitrag zur Variabilisierung der Fixkosten darstellen (Stichwort »Digitales Prekariat«, vgl. Deutscher Gewerkschaftsbund online 2018). Und sie lassen sich angesichts des angedachten – zukünftig durchaus auch juristischen systematisch erfassten Raumes für »Home Office« – in ihren Grundzügen auch auf viele weitere Branchen und Funktionsbereiche übertragen.

Das Homeoffice: »Plötzlich« geht es doch!

Seit dem Lockdown arbeitet in Deutschland inzwischen jeder zweite Berufstätige ganz oder teilweise im Homeoffice. Folgt man dem Digitalverband Bitkom, dann ermöglichten in der Zeit vor der Corona-Krise ca. vier von zehn Unternehmen Homeoffice (vgl. Bitkom online 2020). In der jetzigen Corona-Krise zeigte sich allerdings auch, dass die organisationale und technische Infrastruktur, aber auch juristische und steuerliche Handhabung nicht immer vollumfänglich definiert war. Neben den Befürwortern einer »New Work« Arbeitsstruktur, gibt es dem Branchenverband zufolge allerdings auch eine Reihe von Beschäftigten (62 %), die sich trotz einer Homeoffice-Erlaubnis eher das Präsenz-Büro als primäre Arbeitsstätte wünschen würden (vgl. Bitkom online 2020).

Dabei ist aus der Praxis heraus festzuhalten, dass die technischen Bedenken gegenüber einer Homeoffice-Einrichtung oftmals weniger ein Problem darstellen dürften. Eher ist es die Angst der Führungskräfte vor möglichen Kontrollverlusten gegenüber ihren

Mitarbeitern, die bislang – neben den juristischen Fragestellungen – oftmals ein Homeoffice verhindert hatte. Und so verwundert es wenig, dass das »Tracking« von Mitarbeitern auch im Homeoffice für Unternehmen und Führungskräfte von Bedeutung ist. Produkte, wie etwa »Microsoft Teams« sind gefragt. Vor allen Dingen dann, wenn Führungskräfte über Benutzeraktivitätsberichte gezielt Auswertungen vornehmen lassen wollen (vgl. Microsoft online 2020). Von wegen also »vertrauensbasierte, transformative« Führung, mit der Großunternehmen ihre Mitarbeiter für die Digitalisierung bislang begeistern wollten?

Doch dröseln wir die Thematik »Homeoffice« einmal der Reihe nach auf. Beleuchten wollen wir aufgrund der Aktualität in der Corona-Krise kurz ausgewählte Facetten. So gilt die Datenschutz-Grundverordnung (DSGVO) im Homeoffice im Übrigen genauso wie am Arbeitsplatz im Unternehmen vor Ort. Die Vertraulichkeit und Integrität personenbezogener Daten ist zu gewährleisten. Und der Arbeitgeber ist hier auch aufgerufen, angemessene technische und organisatorische Maßnahmen zu ergreifen, um möglichen Verstößen vorzubeugen (vgl. Haufe online 2020). Viele Beschäftige haben zu Beginn der Pandemie Notebooks, Ordner, Unterlagen und Dateien vom Arbeitsplatz in das Homeoffice transportiert. Und wenn sie diese sensiblen Unterlagen und Dateien zu Hause aufbewahren, sperren sie dann ihre »Arbeitszimmer« – wenn sie denn überhaupt über ein solches verfügen – entsprechend auch ab? Personenbezogene Daten sind auch zu Hause vor unbefugter und unberechtigter Verarbeitung, unbeabsichtigtem Verlust, unbeabsichtigter Zerstörung und Beschädigung zu schützen. Beschäftigte sind daher eben auch angehalten, in einem Raum zu arbeiten, der für dritte Personen und damit auch für Familienangehörige nicht uneingeschränkt frei zugänglich ist (vgl. Haufe online 2020 und Stiftung Datenschutz online 2020).

Hinzu kommt, dass die Datenübertragung vom Unternehmens-Server in das Homeoffice eine sogenannte »End-2-End Verschlüsselung« zu erfahren hat (VPN-Verbindung). Das gleiche gilt auch für den Speicher. Hier sind wir im Bereich der Cyber Security.

Traditionelle Sicherheitskonzepte stoßen zunehmend an ihre Grenzen; Firewalls und Virenscanner reichen in der Regel nicht mehr aus, um Cyberkriminelle fernzuhalten. Denn mit den bisherigen Konzepten lässt sich kaum sagen, ob ein Account kompromittiert worden ist oder ein Mitarbeiter auf einen Link geklickt hat, um beispielsweise einen Schadcode auszuführen. Cyberkriminelle haben in sehr kreativer Form die Corona-Pandemie für sich entdeckt. Gefälschte E-Mails und manipulierte Internetseiten befanden sich im Umlauf, wie etwa die Corona-Pandemie-Karte der John-Hopkins-Universität (vgl. Wirtschaftskammer Burgenland online 2020). Das Wirtschaftsministerium des Bundeslands Nordrhein-Westfalen stoppte gar nach Hinweisen auf einen Betrugsverdacht temporär die Auszahlung von Corona-Soforthilfen an Selbstständige und Kleinstbetriebe (vgl. Welt online 2020).

Technische Infrastruktur: Zwischen Engpass und Stabilität

Mit Blick auf Telefonanlagen und das Routing in das Homeoffice zeigte sich in der unternehmerischen Praxis zu Beginn des Lockdowns ein breites Bild an Szenarien. Telefonie-Rufumleitungen werden dabei üblicherweise in der Telefonanlage selbst eingestellt und mit zwei Leitungen für die Rufumleitung belegt. So zumindest ist es bei Voice-over-IP (VoIP) Telefonanlagen in der Regel nicht anders darstellbar. Bei einer ISDN-Telefonanlage gibt es die Möglichkeit, bei durchwahlfähigen Anschlüssen die Durchwahl im Amt selbst umzuleiten. Bei IP-Anschlüssen ist dies eben noch nicht bei allen Anbietern freigegeben. Für das Homeoffice bedeutet das im Falle einer Rufumleitung, dass zwei Sprachkanäle belegt werden. Und so zeigten sich zu Beginn der Pandemie nicht wenige kleinere Unternehmen überrascht, dass bei Telefonanlagen mit nur vier

SIP-Trunk Leitungen maximal zwei Personen gleichzeitig erreicht werden konnten.

Darüber hinaus waren in den ersten Wochen des Lockdowns immer wieder Ausfälle im Telefonie-Netz zu beobachten. Betroffen waren hiervon vorzugsweise Telefonanlagen mit IP-Technologie, da dieses Netz stark zentral ausgerichtet ist. Dies stellt einen Nachteil dar, wenn viele Anschlüsse betroffen sind. Das ISDN-Telefonnetz hingegen ist dezentral abgebildet, sodass im Falle eines Netzausfalls nicht alle Anschlüsse im Homeoffice-Netzwerk betroffen sein müssen. Als »Backup«-Lösung mussten sich die Unternehmen zu Beginn des Lockdowns daher zusätzlich noch um die Beschaffung von Handys für ihre Mitarbeitenden im Homeoffice kümmern.

Im Hinblick auf die technische Infrastruktur sind Internetleitungen und Fernzugriffe aus den Server-Landschaften der Unternehmen häufig nicht für ein stabiles Arbeiten im Homeoffice ausgelegt. Die Unternehmen im Mittelstand wie auch in den Konzernen haben regelrecht unter Realbedingungen experimentiert. Und so kam es in der Phase des Lockdowns auch dazu, dass Arbeitsprozesse im Mittelstand wie auch in den Konzernen plötzlich mittendrin immer wieder unter der Spitzenlast zusammengebrochen sind. Datenintensive Streaming-Anbieter mussten schließlich mitteilen, dass sie aufgrund der bundesweiten Netzauslastung ihre Datenpakete komprimieren würden. Doch anders als auch von uns erwartet, zeigt sich die Netzinfrastruktur in Summe bis heute durchaus stabil.

Deutschland wird immer wieder für seinen langsamen Glasfaser-Ausbau kritisiert. Auch gibt es hierzu zahlreiche Studien und Tabellen im Ländervergleich, die Deutschland recht häufig im »Mittelfeld« erscheinen lassen, was Glasfaserdichte und Glasfaserverbreitung anbelangen (vgl. beispielhaft European Commission online 2020). Auf den vorderen Plätzen stehen in EU-bezogenen Studien meist Finnland, Schweden, Dänemark, Niederlande, Malta, Irland und Estland. Und auch im internationalen Vergleich nehmen Finnland, Schweden, Dänemark und die Niederlande die vordersten Plätze mit ein. Noch besser steht in diesen Rankings meist nur Südkorea dar (vgl. European Commission online 2020a und 2020b). Die nachfolgende Abbildung der Europäischen Kommission verortet beispielhaft die »digitale Ausgangslage« der EU-Staaten in den weltweiten Kontext. Betrachtet werden hierbei die Aspekte Konnektivität, Digitale Fähigkeiten von Bürgern und Arbeitnehmern, Internetnutzung von Gesellschaften, Technologie-Nutzung und das »digitale« Service-Angebot auf der Ebene der Verwaltungsinstitutionen.

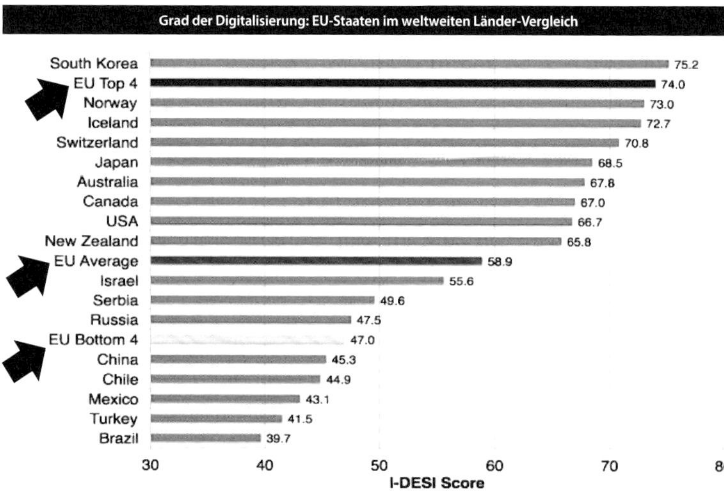

Abb. 7: The International Digital Economy and Society Index 2018. Quelle: Eigene Darstellung basierend auf European Commission online 2020b.

In der Realität zeigt sich allerdings aus der Sicht von Praktikern ein durchaus differenzierteres Bild. Die Herausforderung liegt demzufolge eher in der »letzten Meile« – mit regionalen Unterschieden – und damit in der Verkabelung und Anbindung des Breitbandnetzes in das Homeoffice. Den Ausbau der Hauptstrecken mit Glasfaser schätzen Praktiker zwar als relativ gut ein, aber dennoch dürfte sich die Infrastrukturpolitik zukünftig noch stärker mit dem Ausbau der technischen Infrastruktur in der Fläche und in der »letzten Meile« befassen. Ein leistungsfähiges Breitbandnetz zählt zukünftig zu einem zentralen Wettbewerbs- und Standortfaktor (vgl. Bundesregierung online 2020).

Der Mythos: »Deutschland hat digital nichts zu bieten«

Daher dürfte sich abschließend auch die Frage stellen: Wird Deutschland im digitalen Wettbewerb zukünftig abgehängt? Es ist »hip«, ins Silicon Valley, nach Israel oder auf andere Startup-Szenen zu blicken (vgl. Iskan 2016, S. 4). Auch ist es »hip« von Google, Facebook oder Amazon zu schwärmen – also von Unternehmen, welche die Überwachungsökonomie prägen (vgl. Zuhoff 2019). In den letzten Jahren verging kaum ein Branchenkongress oder eine Fachmesse, die nicht vom Thema Digitalisierung bestimmt waren. Das Thema ist längst in sämtlichen Arbeits- und Lebensbereichen angekommen. Jedoch steht Deutschland längst nicht so schlecht da, wie es viele »Investoren-Marktschreier« und auch »Management- und Technologie-Berater« so oft behaupten. Möglicherweise spielen hier aber auch Eigeninteressen eine nicht unerhebliche Rolle.

Ja, es stimmt, dass wir möglicherweise im Vergleich zu den USA eine niedrigere Anzahl an Technologie-basierten Unternehmen im klassischen Sinne im deutschen Leitindex DAX notiert haben. Doch ist das schlimm? Das mag mitunter etwas nachteilig sein, was die »Wagnis-Kapitalbeschaffung« anbelangt. Doch es kann durchaus auch gute Gründe geben, sein Unternehmen nicht an die Börse »hebeln« zu wollen. Anzuführen sei hier das Beispiel des Online-Versandhändlers OTTO (versus Karstadt-Quelle). Und im Übrigen verfügt die OTTO Group genauso wie Amazon über eine eigene

Logistikinfrastruktur in Form ihrer Konzerntochter HERMES, an der Berichten zufolge sogar Amazon und Alibaba Interesse hatten (vgl. Deutsche-Verkehrs-Zeitung online 2020).

Es gibt sie, die oftmals in den Medien verzweifelt gesuchten »digitalen« Beispiele in Deutschland. Und anders als die vielzitierten US-Beispiele geben sich deutsche Unternehmer mitunter einfach zurückhaltender, was marketing-trächtige Aktivitäten anbelangt. Viele der technologischen Entwicklungen in Deutschland kommen nicht nur von Konzernen, sondern werden sogar vordergründig aus dem deutschen Mittelstand oder gar kleineren Betrieben heraus geleistet (vgl. auch Kollmann 2016, S. 28 und Iskan 2016, S. 4 und 2017, S. 2). Weshalb würden sich also Investoren aus dem Ausland so um innovative Unternehmen bemühen wollen, wenn die deutsche Wirtschaft im Bereich der Digitalisierung und Industrie 4.0 wenig anzubieten hätte? Eine Reihe von weltweit führenden Unternehmen aus dem Bereich der Automatisierungs- und Fertigungstechnologie haben ihren Sitz in Deutschland. Und auch im Bereich der Software-Entwicklung ist Deutschland jenseits des »großen Schlagworts« SAP im Übrigen nicht »minderwertiger« aufgestellt. Im Gegenteil. Deutschland beheimatet eine breite Vielzahl von Software-Unternehmen über sämtliche Wirtschaftszweige hinweg. Ein »1-Mann-Betrieb« schaffte es in den 1990er Jahren, eine innovative Cloud-basierte ERP-Lösung auf den Markt zu bringen (vgl. Mercaware online 2020). Zu einer Zeit, in der die allermeisten das Wort »Cloud« vermutlich noch gar nicht kannten. Vermutlich auch bei SAP nicht, die heute um ihren »komplexen Bestands-Kern« »nur« Cloud-Dienste herum bauen, um überhaupt noch etwas »Cloud-fähiges« offerieren zu können.

Aber es stimmt: Eine Reihe von zentralen Entwicklungslinien kommt eben nicht aus Deutschland. Lösungen aus dem amerikanischen und asiatischen Raum nehmen einen großen Platz ein. Doch dürfte es weniger die Leistungsfähigkeit sein, die uns im europäischen bzw. deutschen Raum fehlt, sondern womöglich eher der Entwicklungsrahmen, was Gründen, Ausprobieren, Scheitern, Steuern, Förderung, Datenschutzrichtlinien anbelangt – neben den Personalkosten und der Verfügbarkeit entsprechender Ressourcen. Es handelt sich also um ein europäisches Problem und nicht um ein rein deutsches.

Und doch: »Verlorene Geschwindigkeit kann nicht mehr aufgeholt werden«

Und es ist auch richtig, dass es eben nicht ausreicht, wenn Unternehmenslenker – insbesondere in Konzernen – einfach nur mit »Buzzwords« kokettieren, Anzug und Krawatte ablegen, zum »Du« übergehen und mit einem Kicker-Tisch einen »auf Silicon Valley« machen wollen (vgl. hierzu auch Kollmann; Schmidt 2016, S. 162). Zu tiefgreifend sind die Hebel, an denen man ansetzen muss. Gerade Konzerne in Deutschland haben in den letzten Jahren, weil es »Mode« war, Labs gegründet, um sich selbst, ihrer Belegschaft und der Öffentlichkeit eine regelrechte »coole Startup Mentalität« vorzuspielen. Zu hören ist: »Wir machen jetzt ein Start-up.« Oder auch: »Wir organisieren uns jetzt mittels SCRUM in Projekten und bilden hoch agile Schwärme« (vgl. auch Iskan 2016, 2017, 2020)

Wir haben einen leistungsstarken Mittelstand mit hoher Innovationskraft. Einen Mittelstand, der jetzt in der Corona-Krise besonders im Fokus stehen dürfte und bei ausgehender Liquidität durchaus punktuell auch von den »Großen« einverleibt werden könnte. Denn anders als die Konzerne werden sie oftmals in einer finanziellen Notlage eben nicht als »Too Big Too Fail« von Regierungen eingestuft und dann »gerettet«. Und dennoch: Wir haben einen »digitalen« Mittelstand (vgl. auch Meyer 2016, S. 274). Freilich sieht das Bild differenzierter aus, wenn man tiefer in die einzelnen Branchen und Sektoren der deutschen Volkswirtschaft einsteigen würde. Hier würden wir in jeder Branche ein »von bis« sehen. Kategorisch zu monieren, dass die Unternehmen in Deutschland nicht digital wären, wird dem Zustandsbild wohl wenig gerecht. Zumindest, wenn es um eine rein technische Perspektive geht. Digital sind sie durchaus. Doch sind sie auch durchgängig vernetzt (vgl. auch Keese2016, S. 35f.)? Das ist die entscheidende Frage für Automatisierung. Denn wenn es eben um jene radikal veränderten Spielregeln, Geschäftsmodelle und Vernetzungen geht, wie sie dann doch eher aus dem amerikanischen und asiatischen Raum kommen, könnten hiesige Unternehmen in Zugzwang geraten.

In den letzten Jahren brachten Unternehmen gleich welcher Branche gute Geschäftszahlen. Der Handlungsdruck, sich aus der Komfortzone heraus zu bequemen war daher für Unternehmenslenker, ihre Führungskräfte und Mitarbeiter nicht immer zu spüren. Das könnte durch die Corona-Krise nun anders werden.

Technologische Entwicklungslinien

Werfen wir abschließend einen Blick auf technologische Entwicklungen und stellen wir uns angesichts dessen die Frage: Werden künftig IT-Systeme den Menschen in ihren Unternehmen sogar überlegen sein? Unser Ideal muss es sein, Systeme zu entwickeln, die Unternehmen und ihren Menschen nützlich sind und zugleich beherrschbar bleiben. Wir dürfen keine Innovationen akzeptieren, solange sie einer Gesellschaft nicht nützlich sind. Hierzu zählt zum Beispiel die Atombombe. Das gilt insbesondere aber auch für Nano-, Bio- und Gentechnologie, welche sicher die Welt verändern dürften. Letztlich sind damit aber auch wichtige Fragen der Ethik verbunden, die sich Politik und Wissenschaft stellen müssen (vgl. Iskan; Staudt 2015, S. 12).

Die nachfolgende Tabelle zeigt in sehr kompakter Form ausgewählte Themenfelder, in denen rasante technologische Entwicklungen zu beobachten sind. In manchen Entwicklungen wird gar das Potenzial gesehen, die bereits genannte ökonomische Dimension des Produktivitätsfortschritts und Wirtschaftswachstums wieder nach vorne entwickeln zu können (vgl. Schwab 2016, S. 53f.). Zu beachten ist, dass die Tabelle nicht ansatzweise alle Bereiche wiedergibt. Das gilt insbesondere auch für den Bereich des »digitalen Lifestyles« und der Medien, die hier nicht aufgelistet sind.

Tab. 1: Technologische Entwicklungen: ausgewählte Anwendungsgebiete.

Technologische Entwicklungen: ausgewählte Umsetzungsbeispiele	
Anwendungsbereich	**Relevanz**
Internationale Sicherheit	Cyberkrieg, Autonome Kriegsführung (Drohnen, Militärroboter und Waffen, die durch Künstliche Intelligenz gesteuert werden), Militarisierung des Weltalls mittels Überschall-Gleit-Waffen, Exoskelette, Biologische Waffen (Designerviren, künstlich erzeugte Supererreger, genetisch veränderte Seuchen)
Implantierbare Technologien	»Intelligente Tatoos«, »Intelligente Pille«, »Intelligenter Staub«. Kommunikation und Ortung. Verhaltensüberwachung und medizinische Zwecke. Erfassung nicht verbal zum Ausdruck gebrachter Gedanken oder Stimmungen
Augen als Schnittstellen	Intelligente Blickbewegungsregistrierung über Lesebrillen, die mit Internet verbunden sind
Smart Home	Gebäudeautomation, vernetzte Roboter im Haushalt
Intelligente Städte	Verbinden von Straßen, Versorgung und Diensten mit Internet. Steuerung von Logistik, Verkehr und Energie (intelligente Parksysteme, Beleuchtung, Müllabfuhr mittels Datenanalyse und Prognosemodelle)
Big Data Technologien	Analyse von Massendaten und automatisierte Entscheidungen. Echtzeit-Dienste
Automatisiertes Fahren	Fahrerlose Fahrzeuge und Transportmittel
Künstliche Intelligenz	Lernen aus Daten, Erfahrungen und Situationen. Automatisieren von Entscheidungsprozessen

Tab. 1: Technologische Entwicklungen: ausgewählte Anwendungsgebiete. – Fortsetzung

Technologische Entwicklungen: ausgewählte Umsetzungsbeispiele	
Anwendungsbereich	**Relevanz**
Robotik	Arbeitsroboter und Dienstleistungs-Roboter. Interaktion gewerbliche Kräfte mit Roboter »Cobots«
Elektronische Währungen	Digitale, transparente Währungssysteme unter Rückgriff auch von Blockchain-Technologie
Additive Fertigung	3D-Druck Farmen in Wirtschaft (Einzelprodukte und Kleinserien) und medizinischem Umfeld
Biologie	DNA-Sequenzierung und Gen-Editierung, Neuroprothetik, Aufmerksamkeitsüberwachung in Fahrzeugen, Ansätze der Gedächtniswiederherstellung, Neurofeedback, Behandlung von Depressionssymptomen, Verschwimmen der Grenze »Mensch-Maschine«
»All-inklusiv« Technologie-Servicepakete	Diagnose und Überwachung von Maschinenverhalten und Verschleiß. Rückkopplungen zu Produkt-verbesserungen und Produktivitätssteigerungen für Hersteller und Kunden
Logistik	Laserbasierte Leitsysteme, »Smarte« Ladungsträger, Event-basiertes Video-Tracking, Service- und Lager-Roboter, Assistenzsysteme und Wearables, Sensorik, Data Analytics, Automatisierung von Immobilien.
Finanzen	»Algorithmischer Börsenhandel« (High-Frequency-Trading, Systematic Trading, Flash Trading mit der Konsequenz panikartiger »Herden-Verkaufsmuster«), »Robo-Advisor« zur Verwaltung von Anlageportfolios. Blockchain.

Quelle: Eigene Darstellung basierend inhaltlich auf Schwab 2016 und Iskan 2021.

Vor dem Hintergrund der dargestellten Gesamtentwicklung empfehlen wir den Menschen in Deutschland, den bereits eingeleiteten digitalen Transformationsprozess nicht einfach nur als »reinen« technologischen Fortschritt abzutun. Der beschrittene industrie- und standortpolitische Weg wird noch viele langwirkende Fragen mit sich führen. Und zwar nicht nur die Frage danach, wer zukünftig den Zugang zum »Endkunden« besitzt, sondern auch Fragen nach der Kundenintegration, Prozessen, Geschäftsmodellen, Organisationsstrukturen, Wertschöpfungspartnerschaften und eingesetzten Technologien. Auf politischer und gesellschaftlicher Ebene sind es auch Fragen nach Beschäftigung, Berufsprofilen, Qualifizierung und Lernen sowie einer gesellschaftspolitischen Verantwortung in Form einer sozialen Absicherung.

Um unsere Darstellungen zu Beginn dieses Beitrages noch einmal aufzugreifen: Die Gefahr, die für die Volkswirtschaft Deutschlands in der Corona-Pandemie liegt, ist, dass Unternehmen angesichts der Schwere der Krise nur noch ihre »Controller und Restrukturierungsberater« durchziehen lassen. 15 bis 30 % Stellenabbau in den Unternehmen sind als Erfahrungswert aus vergangenen Krisen keine Seltenheit. Doch ohne jegliche Investitionen in Innovation und damit nur mit Strategien, die auf eine reine Rationalisierung, Effizienzsteigerung und damit Kostensenkung abzielen, werden Unternehmen wie auch öffentliche Einrichtungen nicht mehr in die Zukunft fahren.

Literatur

Allfacebook online (2020): Die aktuellen & offiziellen WhatsApp Nutzerzahlen: 2 Milliarden aktive Nutzer (Stand 2020).https://allfacebook.de/toll/whatsapp-nutzerzahlen. [Zugriff am 3.7.2020].

Bitkom online (2020): Homeoffice in Zeiten der Corona-Pandemie. https://www.bitkom.org/Themen/Corona/Homeoffice-in-Zeiten-der-Corona-Pandemie. [Zugriff am 23.4.2018].

Brynjolfsson, E.; McAfee, A. (2014): The Second Machine Age: Work, Progress, And Prosperity in a Time of Brilliant Technologies. New York: W. W. Norton & Company.

Bundesministerium für Bildung und Forschung online (2018): Digitale Wirtschaft und Gesellschaft: Industrie 4.0: https://www.bmbf.de/de/zukunfts-projekt-industrie-4-0-848.html. [Zugriff am 23.04.2018].

Bundesministerium für Verkehr und digitale Infrastruktur online (2020): Frequenzauktion beendet. https://www.bmvi.de/SharedDocs/DE/Artikel/DG/Frequenzauktion-faq.html. [Zugriff am 23.4.2018].

Bundesministerium für Wirtschaft und Energie online (2015): Industrie 4.0 und Digitale Wirtschaft: Impulse für Wachstum, Beschäftigung und Innovation. Berlin.

Bundesnetzagentur online (2020): Mobiles Breitband. https://www.bundesnetzagentur.de/DE/Sachgebiete/Telekommunikation/Unternehmen_Institutionen/Frequenzen/OeffentlicheNetze/Mobilfunknetze/mobilfunknetze-node.html. [Zugriff am 23.04.2018].

Bundesregierung online (2020a): Die Corona-Warn-App: Unterstützt uns im Kampf gegen Corona. https://www.bundesregierung.de/breg-de/themen/corona-warn-app. [Zugriff am 03.07.2020].

Bundesregierung online (2020b): Breitbandausbau: Von der digitalen zur Gigabit- Gesellschaft. https://www.bundesregierung.de/breg-de/aktuelles/von-der-digitalen-zur-gigabit-gesellschaft-229262. [Zugriff am 23.4.2018].

Deep Knowledge Ventures online (2020): »Knowledge« is Power. »Deep Knowledge« is Transcendent Power. https://www.dkv.global/about. [Zugriff am 29.6.2020].

Deutsche-Verkehrs-Zeitung online (2020): Otto Group sucht Partner für Hermes. https://www.dvz.de/rubriken/logistik/detail/news/otto-group-sucht-partner-fuer-hermes.html. [Zugriff am 29.06.2020].

Deutscher Gewerkschaftsbund online (2018): Plattform-Ökonomie: Wir müssen ein digitales Prekariat verhindern: http://www.dgb.de/themen/++co++022acff6-84be-11e6-9ce6-525400e5a74a. [Zugriff am 18.06.2018].

Eberl, U. (2016): Smarte Maschinen: Wie Künstliche Intelligenz unser Leben verändert. München: Hanser.

European Commission online (2020a): Shaping Europe's Digital Future: The Digital Economy and Society Index (DESI). https://ec.europa.eu/digital-single-market/en/desi. [Zugriff am 23.04.2018].

European Commission online (2020b): Shaping Europe's Digital Future: I-DESI 2018: How Digital is Europe Compared to Other Major World Economies? https://ec.europa.eu/digital-single-market/en/news/how-digital-europe-compared-other-major-world-economies. [Zugriff am 29.06.2018].

Ford, M. (2015): The Rise of the Robots: Technology and the Threat of Mass Unemployment. London: Oneworld

Fritsche, U.; Harms, P. C. (2017): Globale Abflachung des Produktivitätswachstums – Zeit für (koordinierte) expansive Fiskalpolitik. In: Wirtschaftsdienst, 2017(2), 97. Jahrgang, S. 92–95.

Gabler Wirtschaftslexikon online (2018): Crowdsourcing: https://wirtschaftslexikon.gabler.de/definition/crowdsourcing-51787 [Zugriff am 18.06.2018].

Intel online (2020): Die kontinuierliche Weiterentwicklung des Mooreschen Gesetzes. https://www.intel.de/content/www/de/de/it-managers/moores-law-evolution.html. [Zugriff am 29.06.2018].

Iskan, S. (2016): »Der Mensch darf nicht auf der Strecke bleiben«. In: Deutsche-Verkehrs- Zeitung (DVZ): Themenheft Speditionsmanagement, 12. Juli 2016, S. 4.

Iskan, S. (2017): Logistik 4.0 – nur mit mutigen Managern. In: Deutsche-Verkehrs-Zeitung (DVZ): Themenheft Speditionsmanagement, 28. Juli 2017, S. 2.

Iskan, S. (2020): »Der Zukunft selbst beraubt«, in: Deutsche-Verkehrs-Zeitung (DVZ), 2019(26), 24. Juni 2020, S. 13.

Iskan, S. (2021): Zukunftsbranche Logistik: Zwischen Digitalisierungsdruck und analogen Herausforderungen (Arbeitstitel). Frankfurt/New York: Campus. (im Erscheinen)

Iskan, S.; Staudt, E. (2015a): Change Management: Ein reaktives Krisenwerkzeug oder die hohe Kunst des Managements? In: Iskan, S.; Staudt, E. (Hrsg.): Strategic Change: Wie Manager ihre Unternehmen jetzt erneuern müssen. Wiesbaden: Springer Gabler, 2015, S. 35–52.

Iskan, S.; Staudt, E. (2015b): »Gewinne das Change-Spiel, sonst bist du draußen!« In: Iskan, S.; Staudt, E. (Hrsg.): Strategic Change: Wie Manager ihre Unternehmen jetzt erneuern müssen. Wiesbaden: Springer Gabler, 2015, S. 3–19.

Jacobfeuerborn, B. (2018): Das ist 5G. Bonn: Deutsche Telekom AG: https://www.telekom.com/de/konzern/themenspecials/5g-haus/5g-haus/das-ist-5g-350940. [Zugriff am 29.4.2018].

Keese, C. (2016): Silicon Germany: Wie wir die digitale Transformation schaffen. 3. Auflage. München: Knaus.

Kollmann T.; Schmidt, H. (2016): Deutschland 4.0: Wie die Digitale Transformation gelingt. Wiesbaden: Springer Gabler.

Local Motors online (2018): Of Moonshots and Shuttles: https://localmotors.com/meet-olli/. [Zugriff am 18.6.2018].

Mercaware online (2020): ERP-Lösung. https://www.mercaware.de/home/. [Zugriff am 18.06.2018].

Meyer, J.-U. (2016): Digitale Disruption: Die nächste Stufe der Innovation. Göttingen: BusinessVillage.

Microsoft online (2020): Microsoft Teams – Benutzeraktivitätsbericht. https://docs.microsoft.com/de-de/microsoftteams/teams-analytics-and-reports/user-activity-report. [Zugriff am 18.6.2018].

Nationaler IT Gipfel Berlin (2015): 5G – Schlüsseltechnologie für die vernetzte Gesellschaft: Ergebnisdokumentation der Fokusgruppe 5G. Plattform »Digitale Netze und Mobilität«. Berlin: Nationaler IT Gipfel.

Pflaum, A.; u. a. (2017): Transportlogistik 4.0. Nürnberg: Fraunhofer-Arbeitsgruppe für Supply Chain Services SCS. https://www.scs.fraunhofer.de/content/dam/scs/de/dokumente/studien/Transportlogistik.pdf [Zugriff am 23.4.2018].

Schmid, J. u. a. (2019): Smart Factory und die Folgen für die Arbeitswelt. Zur Thematik des Bandes und zum spezifischen Zugriff: mehrere Länder und Analyseebenen. In: Bürkhardt, D. u. a. (Hrsg.): Smart Factory und Digitalisierung: Perspektiven aus vier europäischen Ländern und Regionen. Baden-Baden: Nomos, 2019, S. 27–42.

Seiter, M. u. a. (2016): Roadmap Industrie 4.0: Ihr Weg zur erfolgreichen Umsetzung von Industrie 4.0. Hamburg. trediton.

Schmitt, M. (2017): Digitalisierung – ein großes Missverständnis. Deutsche Verkehrs-Zeitung online. 10. November 2017: https://www.dvz.de/rubriken/logistik/single-view/nachricht/-f0573dc51c.html. [Zugriff am 29.04.2018].

Schwab, K. (2016): Die Vierte Industrielle Revolution. München: Pantheon.

t-online (2020): Kampf um 5G-Frequenzen. https://www.t-online.de/digital/handy/id_85430272/kampf-um-5g-frequenzen-gebote-liegen-jetzt-bei-mehr-als-sechs-milliarden-euro.html. [Zugriff am 29.4.2018].

Stiftung Datenschutz online (2020): Datenschutz im Betrieb: Eine Handreichung für Beschäftigte. https://stiftungdatenschutz.org/fileadmin/Redaktion/PDF/Broschuere/SDS_Datenschutz_im_Betrieb_SDS_v2-1-2020_DE_web.pdf. [Zugriff am 29.04.2018].

Welt online (2020): NRW stoppt Auszahlung von Corona-Soforthilfen wegen Betrugsverdachts. https://www.welt.de/politik/deutschland/article207152289/Fake-Webseiten-NRW-stoppt-Auszahlung-von-Corona-Soforthilfen-wegen-Betrugsverdachts.html. [Zugriff am 03.07.2020].

Wirtschaftskammer Burgenland online (2020): Achtung: Diese Coronavirus-Karte stiehlt Passwörter. https://www.wko.at/service/unternehmensfuehrung-finanzierung-foerderungen/coronavirus-karte-stiehlt-passwoerter.html. [Zugriff am 29.06.2020].

Zuboff, S. (2019): The Age of Surveillance Capitalism: The Fight for a Human Future at the New Frontier of Power. New York: PublicAffairs.

Corona und Politik: Krisenmanagement, Wutbewegungen und Super-Wahljahr 2021

Karl-Rudolf Korte

Corona-Politik hat paradigmatische Züge. Bisherige Erklärungsmuster des Politikmanagements stoßen an ihre Grenzen. Die Zentralität der Entscheidungen zu Beginn der Pandemie, die monothematische Zuspitzung als Total-Reduktion von Komplexität, das Ausmaß des angeordneten Lockdowns für alle Lebensbereiche sowie die Einschränkungen elementarer Freiheitsrechte waren vorbildlos neu und grundlegend. Keine Krise seit 1949 hat jemals zuvor zeitgleich alle Bürger betroffen. Die Kanzlerin, die normalerweise pathosfrei agiert, formulierte mit neuem existentialistischem Grundton in ihrer Regierungserklärung vom 23. April 2020 im Deutschen Bundestag: »Wir erleben ganz und gar außergewöhnliche, ernste Zeiten. Und wir alle, Regierung und Parlament, unser ganzes Land, werden auf eine Bewährungsprobe gestellt, wie es sie seit dem Zweiten Weltkrieg, seit den Gründungsjahren der Bundesrepublik Deutschland nicht gab. Es geht um nicht weniger als das Leben und die Gesundheit der Menschen.«[1] Die Politik musste in der Coronapandemie handlungsfähig bleiben.

Dabei gehört die Krisenerfahrung zum Alltag der Politik. Wie unsicher die Zeiten sein können, war vielen Bundesbürgern zuletzt im Sommer 2015 bewusst geworden. Sicher, es gab Kriege in europäischer Nähe oder extreme ökonomische Turbulenzen mit dem Euro – vor allem im Nachgang zur sog. »Lehmann-Pleite« 2008. Doch die Alltagswahrnehmung der Bürger war bis 2015 nur wenig durch diese medial vermittelten Krisen beeinflusst. Durch den plötzlichen Zustrom von über einer Millionen Flüchtlingen nach Deutschland war das politische System im Jahr 2015 unter erheblichen Belastungsdruck geraten. Angst beherrschte erstmals über Monate die öffentliche Stimmung. Viele Bürger sahen sich mit einer grundlegenden Unsicherheit konfrontiert. Der Krisenmodus bestimmte das Ereignisgewitter (Bieber u. a. 2017). Die Angst vor Entgrenzung und Entsicherung steigen seitdem. Das Image des Megatrends Globalisierung hat seitdem erheblich gelitten. Der politische Populismus der Extreme ist auch ein Protest gegen Globalisierung, konkret gegen grenzüberschreitende Bewegungen von Gütern, von Kapital und vor allem von Personen. Im Gewande der Abschottung formiert sich ein neuer Nationalismus.

Angst ist auch diesmal im Spiel. Das Virus ist ein unsichtbarer Gegner. Doch die Reaktionsmuster und Einstellungen der Bürger unterscheiden sich deutlich. Ähnlich zeigen sich eher musterhafte Phasenverläufe: So dominierte 2015 zunächst der Helferstolz und der humanitäre Imperativ; dann überlagerte sich die Gemengelage mit lautstarken Rufen nach Grenzschließungen und einer offensiven Ausländerfeindlichkeit. Heute folgt die Corona-Politik in der ersten Phase dem virologischen Imperativ, der alltagspraktisch vielerorts auch mit Helferstolz und neuen Formaten von kümmernder Solidarität begleitet wurde. Die zweite Phase – Lockerungen, Öffnungen, Wiederhochfahren – verlaufen derzeit mit Unwucht und holprig. Die radikale Unterbrechung der Normalität lässt sich, wie der Bundespräsident formulierte, nur durch »tastendes Vorgehen« wieder rückgängig machen (Korte 2019). Dies führt notwendigerweise zu Ungerechtigkeiten, zu neuen Verteilungskämpfen, zu Widersprüchen, zu »demokratischen Zumutungen« (Merkel), weil keine Masterpläne für ein Corona-Politikmanagement vorliegen. In dieser Phase bildet sich Gegnerschaft, digital und analog. Entweder geht es den Protestlern nicht schnell genug oder die Notwendigkeit des grundsätzlichen Lockdowns wird infrage gestellt. Ob aus dem Pegida-Protest, im Nachgang zum Flüchtlingszustrom, parallel ein Corona-Protest erwächst, ist zum jetzigen Zeitpunkt nicht absehbar. Es wird vor allem auch davon abhängen, wie die Politik kommuniziert.

Zum Katastrophenmanagement: Krisenmomente und Risiko

Der Ausnahmezustand hat in Deutschland verschiedene Gesichter (Lemke 2020). Die sogenannten Notstandsgesetze, die mit Änderung des Grundgesetzes 1968 vom Gesetzgeber eingefügt wurden, regeln die Ausnahme. Im Krisenfall eröffnen die Notstandsgesetze der Exekutive, in enger Abstimmung mit der Legislative, Maßnahmen zur Krisenabwehr zu ergreifen. Die notwendige enge Abstimmung mit der Legislative ist eine Besonderheit des deutschen politischen Systems. Zwei Arten von Krisen sind als Notstand geregelt: der Verteidigungsfall und der Innere Notstand, womit Naturkatastrophen oder schwere Unglücksfälle gemeint sind. Verfassungsrechtlich ist für diese Fälle geklärt, welche Mechanismen der Regierung dann zustehen, um mit gebündelter Macht eine Kriseninintervention umzusetzen. Das fehlt allerdings für den Fall einer Pandemie. Wirtschafts- und Finanzhilfen, Rettungsschirme aller Art lassen sich mit Bundesgesetzgebung regeln, nicht jedoch der Katastrophenfall. Letztlich hat der Bundestag die Landesregierungen ermächtigt, auf Grundlage von Paragraph 32 des Infektionsschutzgesetzes weitreichende Maßnahmen auf dem Weg von Rechtsverordnungen durchzusetzen. Insofern kann die Bundesregierung nicht den Ausnahmezustand formell ausrufen, sondern nur indirekt über die Länder auf die Anwendung von Katastrophenschutz ausweichen. Die genuine Zuständigkeit dafür liegt also bei den Bundesländern.

Das erklärt, weshalb die informellen Runden zwischen der Bundeskanzlerin, einigen Bundesministern und den Ministerpräsidenten zum zentralen Entscheidungsgremium in der Pandemie wurden. Hier sollte eine gemeinsame Linie orchestriert werden, was auch weitgehend gelang. Abweichungen konnten regional gut begründet werden. Die Besonderheiten im Politikmanagement sind offensichtlich: (a) die gebündelten und gekoppelten Handlungskompetenzen der Exekutive (Bundesregierung mit Gesetzen und Appellen) mit der Mitentscheidungskompetenz der Legislative und (b) die formelle Zuständigkeit der Länder (mit Gesetzen und Ermächtigungsgrundlagen für das exekutive Handeln) über Katastrophenschutz und Epidemiegesetze.

Sehen wir uns das Politikmanagement näher an, dann war die Ausgangssituation exemplarisch für eine politische Entscheidung unter Bedingungen der Ungewissheit. Die Herausforderungen des modernen Regierens hatten sich schon längerfristig geändert. Neue Konturen des Regierens können seit geraumer Zeit analysiert werden. In Zeiten des Gewissheitsschwundes wachsen die Entscheidungszumutungen für den politischen Akteur. Die Ereignisdichte macht das Risiko zum Regelfall der Politik (Korte 2011). Für die politischen Spitzenakteure kommen als Folge dieser Veränderungen immer mehr Entscheidungen als purer »Stresstest« daher.

Ohne Risikokompetenz droht den Akteuren das politische Aus. Wie könnte so eine Risikokompetenz aussehen?

Zu den Krisenmomenten gehört musterhaft immer eine doppelte Verschiebung des Ortes und der Entscheidung (Wilharm 2016). Der Krisenort des Entscheidens ist die Kernexekutive und innerhalb dieser Konstellation verschiebt sich die Entscheidung eindeutig auf die Kanzlerin – mithin auf das Kanzleramt mit seinem Kanzleramtsminister.

In der Sprache des Politikmanagements übersetzt bedeutet dies: Der zu beschließende Lockdown (letztlich ein Zwang zur Entschleunigung) war ein komplexes politisches Ereignis. Verschiedene Akteure (Government und Governance) interagieren unter komplexen Bedingungen bei hohem Risiko (Wirken die Maßnahmen? Lassen sie sich durchsetzen?) mit kalkuliertem Nicht-Wissen (wissenschaftliches Wissen ist immer vorläufig) und verdeckten Rückkopplungen (exponentielle Kurvenentwicklungen). Wer in solchen Krisenmomenten entscheidet, braucht hohe Strategiefähigkeit, gemessen am Führungspotenzial zur Antizipation von Erwartungsunsicherheit. Probehandeln im Geiste kann sich dann bewähren, ganz im Sinne eines antizipierten Durchspielens von Möglichkeiten, ohne jegliche Prognose-Gewissheit. Antizipation bedeutet politisch immer mit der Dialektik von Nebenfolgen – vor allem machtpolitischer Couleur – zu rechnen. Politische Gestaltung kann sich nur in diesem Raum von Strategiefähigkeit, einer Handlungsfähigkeit für offene Problemsituationen, entwickeln. Da keine Routinen, Regeln, Praktiken, Gewohnheiten vorlagen, musste sich die Logik der Angemessenheit vorbildlos neu orientieren. Neben der Zeitstrategie (Lockdown, um die Ausbreitung zu stoppen) bestand das Krisenmanagement darin, auch auf dezentrale Besonderheiten und Maßnahmen zu achten. Risiko-Governance sollte dabei helfen.

Damit Krisenmanagement funktioniert, sind andere Randbedingungen zu erörtern. Bürger brauchen Vertrauen in die Funktionsträger und deren Risiko- und Lösungskompetenz. Bürger müssen sich sowohl an die Einschränkungen als auch an die Appelle halten. Erstaunlich war insofern, dass nach vielen Jahren einer diffusen Politikverdrossenheit, sie unter den Bedingungen der Corona-Politik wie weggefegt wirkte. Nie zuvor war die Staatsgläubigkeit so hoch und das akzeptierte Verständnis für die massiven Einschränkungen von Freiheiten so breit. Das Corona Virus hat dem Staat nicht nur mehr Regelungsmacht im Katastrophenfall gegeben, sondern katapultierte ihn auch zum rhetorisch-emotionalen Krisengewinner.

In Deutschland nehmen traditionell der Grad an Staatszentriertheit und Staatsvertrauen zu, wenn Krisenszenarien die öffentliche Meinung dominieren (Heinze 2009). Davon profitieren auch die Spitzenpolitiker. Krisen adeln über Nacht die Demokratie und die Spitzenpolitiker. Bürger erwarten dann die entschlossene Umsetzung des Primats der Politik, möglichst als heroische Chefsache des Krisenmanagers. Die Bürger sehnen sich in solchen Konstellationen nach einem starken Staat. Die Sehnsucht nach Etatismus (man könnte den Begriff etwas bösartig als »vorauseilende Unterwürfigkeit« übersetzen) breitet sich besonders dann aus, wenn Verlustängste dominieren. Sicherheitskonservatismus ist eine politisch-kulturelle Konstante in Deutschland. Massive Einschränkungen bürgerlicher Freiheiten (Gewerbefreiheit, Reisefreiheit, Versammlungsfreiheit, Glaubensfreiheit) wurden widerspruchslos über viele Wochen mehrheitlich hingenommen. Dem Staat als Kümmerer entspricht der Bürger als Untertan. Er erwartet im Gegenzug Sicherheit und Wohlfahrt. Unter dem aufgespannten Rettungsschirm der Finanz- und Wirtschaftsminister versammelten sich alle extrem zügig und wie selbstverständlich auch in der Pose des berechtigten Forderns. Eine Staatsbedürftigkeit entdeckte vor allem die Mittelschicht.

Doch je länger der Ausnahmezustand andauerte, desto mehr bröckelte die Zustimmung zum virologischen Imperativ: »Die Gesundheit zuerst!«. Die Freiheit schien vom Virus der Gesundheitssicherheit selbst infiziert zu sein, wenn nach acht langen Wochen des Lockdowns den Bürgern eine nachvollziehbare Exit-Strategie vorenthalten werden sollte. Ohne Freiheit könnte auch die Gesundheit auf der Strecke bleiben, so die Argumente im Status der

Unruhe. Diese Erfahrung machten vor allem isolierte Ältere ebenso wie überforderte Familien. Die Ungeduld suchte sich Auswege – nicht nur in Verschwörungstheorien.

Wie reagiert man strategisch angemessen und gesundheitspolitisch klug auf anzunehmende Ungeduld? Demokratien mit einem funktionierenden Parteienwettbewerb haben dazu enormes Potential. Demokratien legitimieren sich durch Kommunikation. Politische Kommunikation macht Politik öffentlich. Sie ist das kontinuierliche Bemühen um ein politisches Mandat. Politik ist in unserer Demokratie immer zustimmungsabhängig (Wahlen), begründungsnotwendig (Debatten) und rechenschaftspflichtig (Kontrolle). Die Sprache ist dabei die wichtigste Quelle der Wirksamkeit. Worte – und in Zeiten von Instagram – auch ebenso Bilder sind Taten. Sprachgewinn bedeutet Machtgewinn. Die Kanzlerin machte es vor. Sie erlangte Deutungshoheit in sensibler Lage. Sie benutzte die Macht von Rechtfertigungen.

Merkel griff erstmals außerplanmäßig zum Instrument der Fernsehansprache an die Nation: »Es ist ernst!« Sie erklärte, begründete, ordnete, appellierte mit starken Bildern und eindrucksvollen Formulierungen. Sie zeigte, wie sie selber in dieser Situation lernte. Sie füllte ihr »auf Sicht fahren« überraschend wortreich. Genau diese begründete Erzählung lieferte sie uns nicht als 2015/16 tausende Geflüchtete Deutschland erreichten (Korte/Schoofs 2019). Als der erste Helferstolz in der Bevölkerung nachließ, blieb Merkels humanitärer Imperativ weitgehend unbegründet.

Das war im Frühjahr 2020 anders, zumal auch die Ministerpräsidenten, die über den Katastrophenschutz in der Corona-Pandemie, substantielle Regelungsrechte haben, den besonderen Ausnahmezustand gegenüber ihrer Landesbevölkerung intensiv täglich erklären. Und die Exit-Strategien? Ungeduld lässt sich insofern moderieren, wenn Erwartungen greifen: Wann öffnen Kitas und Schulen? Wann darf wieder Kundschaft kommen? Wenn der Bedarf an Zukunftserzählungen wächst, angesichts der Stimmungsverfinsterung in der Gegenwart, entstehen zusätzliche Chancen zur politischen Gestaltung. Krisengewinner können deshalb Möglichkeitsmacher sein. Sie sagen, was wir erwarten können. Sie arbeiten mit konkreter Zuversicht, die mehr ist als ein Rettungsschirm. Die Positivität des Könnens (Aussicht auf ein Ende des Lockdowns) ist effizienter als die Negativität des Sollens (das Anordnungsregime).

Zur epistemischen Krise: Nichtwissen und Angst

Die Krisenentscheidungen zum Katastrophenfall fielen unter den Bedingungen von Unsicherheit. Historisch lagen inhaltlich keine Entscheidungsmuster vor. Wissen war durchaus vorhanden, aber nicht abrufbar. Dazu zählte beispielsweise der Bericht des Deutschen Bundestages »Zur Risikoanalyse im Bevölkerungsschutz 2012« (BT Drucksache 17/12051 v. 03.01.2013). Aber dieses Wissen war abstrakt, abgespeichert, schien wenig plausibel und veraltet.

Heute gilt eher die Formel, die Habermas prägte: »Nie gab es so viel Wissen über unser Nicht-Wissen.« Gemeint ist, dass auch weltweite Forschungen zum Corona-Virus zunächst nur belegen, was wir alles nicht wissen. Die Corona-Krise war immer auch eine epistemische Krise. Das gilt im Hinblick auf Wissens-Ressourcen, aber auch den gewandelten Stellenwert des Wissens: den Konjunkturen des Verdachts, der Pluralisierung von Wahrheiten und der Herrschaft des Irrationalen.

Und diese Irrationalität im Gewande von Verschwörungsfantasien breitet sich aus. Die sogenannten sozialen Medien verstärken selektiv mit ihren Filterblasen Falschnachrichten und Verschwörungsideen. Das Medium übernimmt dabei in der Regel die Kontrolle: Das strukturelle Format der Kommunikation in den sozialen Medien bestimmt auch den spezifischen Inhalt. Die Selbsteskalation – im Bereich von Hass und Brutalität ebenso wie im Bereich von Unwahrheiten – ist eine unmittelbare Folge davon. Die Regeln des öffentlichen Diskurses im Umgang mit Fakten sind gestört. Die Kommunikationslagen leben von allgemeiner Verdächtigung, wütender Enthemmung und sogenannten alternativen Fakten. Der Wahrheitsmarkt erscheint dereguliert (Pörksen 2019). Die Wissensgesellschaft scheint dennoch im Moment im Lichte einer Wissenschaftsgesellschaft. Beide Sphären des Wissensbedarfs und der Leugnung existieren nebeneinander. Selten wurde der Stellenwert von Forschung höher eingestuft als in der Hochphase des Lockdowns. Dem virologischen Imperativ war alles untergeordnet. Kein Politikerauftritt ohne einen Virologen an seiner Seite. Politik stützte sich sichtbar auf wissenschaftliche Erkenntnisse. Doch Wissenschaft liefert weder einfache Wahrheiten noch ewig währende. Sie liefert immer nur Fakten, sehr selten Entscheidungen für die Politik. Und diese Fakten haben eine begrenzte Gültigkeit. Demokratie kennt keine politische Entscheidungskraft und keine politische Autorität kraft Wissens.

Das spezifische wissenschaftliche Wissen ist vorläufig. Das Kurz-Gutachten aus NRW zur Perspektive von möglichen Öffnungen enthielt dazu einen klugen Schlusssatz: »Jede Entscheidung hat Folgen, und zu jeder Entscheidung gibt es immer auch Alternativen.« Die informierte, durch wissenschaftliches Wissen untermauerte Entscheidung ist nie alternativlos. Denn das wissenschaftliche Wissen ist grundlegend, vorläufig und muss sich immer auch mit der Vermittlung der eigenen Grenzen auseinandersetzen. Es ist rational, baut auf Fakten auf und arbeitet evidenzbasiert sowie intersubjektiv überprüfbar. Die Behauptungen werden erhärtet oder widerlegt. Das gilt nicht für politische Entscheidungen.

Der in der Krise gewachsene Stellenwert der Wissenschaft korreliert – und daran muss nochmals erinnert werden – mit einer Pluralisierung von Wahrheiten. Dadurch werden grundlegende wissenschaftliche Erkenntnisse relativiert. Das führt paradoxerweise zum Autoritätsverlust durch Wissen, da die Quellen der Informationen vielfältig sind. Welches Wissen ist wissenschaftliches Wissen und welches gehört zur Kategorie der Fake News? Zudem existiert mit der AfD auch eine politische Partei, die ihren strategischen Weg gegenüber ihren Anhängern gezielt über eine Kultur des ignorierten Wissens bahnt. Die Relativierung von deutscher historischer Schuld ist dafür nur ein Beleg. Aktiv betreibt die AfD – professionell im Internet – die Politisierung des Nicht-Wissens. Selektive Wissenschaftsignoranz steckt dahinter. Ein vernünftiger Umgang mit Ungewissheit, der für die Corona-Politik notwendig wäre, wurde für die verantwortlichen Politiker durch ein derartiges kommunikatives Umfeld erschwert.

Zu den Krisengewinnern: Erwartungsmanagement und Krisen-Lotsen

Erwartungen werden wichtiger als Ereignisse. Krisengewinner arbeiten mit Erwartungen. Das gilt vor allem in Corona-Zeiten. Die Stimmungsverfinsterung war durch Corona bedingt. Die kurzfristigen Aussichten auf Besserung schienen eingetrübt. Die Wucht der Rezession belastet viele existentiell. Die mobilisierende Kraft von Zukunftserzählungen stemmt sich gegen den wachsenden Markt von Dystopien. Zukunftsängstliche Empörungsbewegungen, wie die der AfD, arbeiten gezielt mit der Angst vor Veränderung und der nostalgischen Verklärung einer Vorzeit, in der weniger Vielfalt und weniger Modernität, den nationalen Zusammenhalt ausmachten. Die AfD ist damit auch eine Zeitreisen-Partei, die mit Angst und Ressentiments, kommende Zumutungen der Zukunft ihren Wählern vom Hals halten möchte. Die Corona-Krise verändert aber grundsätzlich unser Verhältnis zur Zukunft. Corona prägt Kohorten-Erfahrungen für zukünftige Generationen. Insofern galt auch hier: nur Erwartungen gegenüber einer aktiven Corona-Politik (von der gerechten Verteilung eines Impfstoffs bis zur Stabilisierung von Vorsorge) wurden immer wichtiger. Wir wissen aus der Wahlkampfforschung, dass nicht nur begrenzte Aggressivität und Unterscheidbarkeit Wahlkämpfe ausmachen, sondern vor allem Sicherheitsbotschaften und Zukunftskompetenz (Korte/Schoofs 2019).

Wo zeigen sich auf dem Wählermarkt die Krisengewinner? Wähler belohnen Optimismus. Wahlen sind keine Erntedankfeste, sondern transportieren konkrete Zukunftserwartungen. Sie verhelfen der Handlungszuversicht zur demokratischen Mehrheit. Ein Gefühlsmanagement des Muts kommt insofern in Corona-Zeiten sicher an. Das galt vor allem für die Phase II, der Lockerung von Einschränkungen. Hier schien ein Kipp-Punkt erreicht zu sein, als die Ungeduld bröckelte. Der freiwillige Verzicht auf Freiheiten – anders als in Nachbarländern mit Ausgangssperren – bedurfte im Momentum des Exit-Horizonts noch intensiverer Begründungen als die Einschränkungen der Freiheit zu Beginn der Pandemie.

Demokratien mit einem funktionierenden Parteienwettbewerb haben hier enormes Potential. Sie legitimieren sich durch Kommunikation. Der Vorzug der Demokratie besteht im Wettbewerb der Ideen und der Rückbindung der Politik an Interessenlagen der Bürger, was sich durch Wahlen regelmäßig Ausdruck verschafft. Diesen Vorsprung gilt es jetzt zu nutzen, im Wettbewerb begründeter Exit-Strategien, entlang der Traditionslinien der Parteien. So könnten Parlamente wieder debattieren und nicht nur Not-Gesetze auf dem Vorordnungsweg legitimieren.

Krisengewinner ist bislang der Staat. Krisenprofiteure sind in den Krisenmomenten des Entscheidens die Gesichter der Macht. Kanzler, Minister, Ministerpräsidenten stehen als Frontfiguren im Test des Krisenmodus. Ein Gefühlsmanagement des Muts kommt insofern in Corona-Zeiten sicher an. Doch hält das bis zur Bundestagwahl 2021?

Vieles deutet darauf hin, dass die politische Mitte in Deutschland insgesamt profitiert, trotz der verteilungspolitischen Verwerfungen, die noch kommen. Die Deutschen wählen gerne in Serie ihre Kanzler. Blicken wir – mit Einschränkungen – auf historische Vergleiche, sieht man Siegerpotentiale. Angesichts von damals fünf Millionen Arbeitslosen wählten die Deutschen 2005 Merkel; nach der Weltfinanzkrise wählten die Deutschen 2009 Merkel; nach dem großen Zustrom an Flüchtlingen wählten die Deutschen 2017 Merkel. Die Erben der gesellschaftspolitisch progressiven

Merkel-Mitte haben 2021 große Chancen gewählt zu werden. Die Erben können aber durchaus auch aus anderen Parteien kommen. Die Siegerthemen im Umfeld von Sicherheit und Identität bilden sich jetzt heraus. Wer verfügt über glaubhafte Kompetenzen bei den Garantien für Daseinsvorsorge und Infrastrukturen?

Der Bundeskanzlerin hilft dabei ihr besonders Verhältnis zur Vorsicht. Für die politische Mitte sind dabei die Chancen perspektivisch gut, wenn die Diskursvielfalt zurückkehrt und keine Schockstarre am Denken hindert. Da historisch einmalig keine Amtsinhaberin wieder antritt, sind auch die Chancen für die Parteien der Mitte vollkommen offen. Merkel war einmal mehr auch in der Corona-Krise unsere empörungsfreie Krisen-Lotsin mit ihrem besonderen Verhältnis zur Vorsicht. Die politischen Merkel-Erben können durchaus auch von anderen Parteien als aus der Union kommen, um eine neue politische Mitte zu formen. Jetzige Oppositionsparteien können punkten, wenn sie sich als Mit-Produzenten von Sicherheit mit Corona-Kreativität in Stellung bringen.

Der Staat als momentaner Krisengewinner zeigt sich einmal mehr als funktionierender Verwaltungsstaat, zumal er subsidiär bis in die Kommunen durchorganisiert ist. Die Rechtskultur macht es möglich. Der Modus des Verwaltens ist in Deutschland perfektioniert. Gerade in Krisenzeiten ist das Verwalten ungleich mehr gefragt, als das Aushandeln von Entscheidungen. Die Pandemiebekämpfung auf dem Verordnungsweg bringt für Deutschland im Vergleich zu anderen Ländern Bestnoten, weil wir es mit Verwaltungsrecht und Verwalten zu tun haben und weniger mit strategisch-gestaltenden politischen Entscheidungen (Möllers 2020). Ein Stück weit immunisiert das Verwalten im deutschen Rechtsverständnis von der Politik.

Zu den Konturen der Resilienz: Lernen und Heterogenität

Das phasenspezifische Entscheidungsumfeld der Corona-Politik ist skizziert. Mobilisierungsaspekte und potentielle Schlussfolgerungen für den Wählermarkt sind angedeutet. Welche politischen Strukturmuster sind dabei erkennbar? Dazu helfen zunächst zwei wichtige Begriffe: Lernen und Resilienz.

Parteien sind lernende Organisationen mit extrem hoher Anpassungsfähigkeit. Das gilt auch für politische Institutionen, denen Parteipolitiker ihren Stempel aufdrücken. Schlagen wir bei lerntheoretischen Ansätzen nach, dann erkennt man, dass nicht Macht und Interesse sondern Deutungen und Ideen im Zentrum stehen. Diese Ansätze fragen danach, wer lernt, und was löst das Lernen aus? Drei Differenzierungen sind aus der Policy-Forschung für präskriptive Nachfragen nutzbar:

- Das einfache Lernen bezieht sich primär auf Effektivität: Social-Distancing, Abstandhalten, keine Begrüßungen, Warteschlangen-Alltag – schnell haben sich die Bürger daran gewöhnt. Die Erfolge bei der Idee des »flatten the curve« sind darauf unmittelbar zurückzuführen. Aus Gelerntem wurde Gewohnheit. Wie in einer distanzierten Gesellschaft elementares politischen Vertrauen ohne Nah-Kontakte aufrechterhalten bleiben kann, ist fraglich. Wie formt man progressive Anti-Einsamkeits-Politik unter den Bedingungen des Abstandshaltens?
- Das komplexe Lernen stellt Ziele und handlungsleitende Annahmen selbst in Frage: Wie können wir unser Wissen organisieren? Machtrelevanter wird für die Politik, wie sie mit dem proportional wachsenden Nichtwissen verfährt. Der Umgang mit Nichtwissen und Nichtwissenskulturen wird für den Politiker zur Macht- und Legitimationsressource bei politischen Entscheidungen. Wie verfahren wir zukünftig strategisch mit dem Wissen über Nicht-Wissen?

- Das reflexive Lernen ist Problemlösungslernen. Wie können die Spitzenpolitiker in ihren politischen Institutionen das Lernen lernen? Das Organisationslernen steht sicher auch unter Online-Vorzeichen. Die Zukunftsfähigkeit für das Politikmanagement könnte darin bestehen, grundsätzlich lernend, fehlerfreundlich und somit stets reversibel zu handeln, was instrumentell über technologische Deliberation einfacher erscheint als über analoge Wege. Die Qualität von Entscheidungsprozessen kann sich dadurch verbessern, weil auch die Fehlerfreundlichkeit von Entscheidungen kommuniziert werden müsste. Reversibilität ist online nachhaltiger zu organisieren als offline. Ganz in diesem Sinne formulierte der Bundesgesundheitsminister, Jens Spahn (CDU), im Bundestag: »dass wir miteinander wahrscheinlich viel werden verzeihen müssen in ein paar Monaten«.[2] Sein Eingeständnis bezog sich auf die Fehlbarkeit beim Versuch, tastend und ausprobierend, wirkungsvolle Mechanismen der Eindämmung zu beschließen.

Die Bundeskanzlerin ließ bereits bei ihrer Fernsehansprache durchblicken, dass ihr Politikmanagement davon getragen ist, »in der Lage zu lernen«. Strategiefähigkeit beruht auf der Fähigkeit, permanent neue Lageeinschätzungen über Frühwarnsysteme zu erhalten. Da politische Macht immer stimmungsabhängig und fluide ist, wird die Lageeinschätzung zum Dreh- und Angelpunkt der politischen Führung. Wie ist die politische Lage (de Maizière 2019)? Das Führungsverhalten hängt elementar von der informierten Einschätzung ab. Offensives Lernen und antizipierte Vorsicht reichen aber nicht vollständig für das Politikmanagement in der Krise aus. Vielleicht sollte man noch Coping hinzufügen. Gemeint ist ein Gestaltungshandeln, das nicht vorgibt, anspruchsvoll Problembewältigung oder gar Problemlösung zu betreiben (Schimank 2011). Coping-Gefühle stellen sich ein, wenn die Pandemie überwunden zu sein scheint. Coping eignet sich als ein Instrument des Politikmanagements für extreme Komplexität von Entscheidungssituationen, wie es sich ab März 2020 abzeichnete. Wie die Bürger mit diesen Veränderungen umgehen und auf sie reagieren, hängt von der Kommunikation ab, wie, wann von wem erklärt und begründet wird, warum bestimmte Maßnahmen erfolgen. Die Bereitschaft mit Veränderungen umzugehen, bemisst die Resilienzforschung.

Zu den Konturen moderner Resilienz gehören neben dem Modus des Lernens auch die Anerkennung von Heterogenität und Pluralität. Wer Unterschiede kennt, ist nicht nur toleranter bei Abweichungen, sondern auch zukunftstauglicher. Je vielfältiger eine Gesellschaft ist, desto widerstandfähiger ist sie gegen populistische Herausforderungen, aber auch krisenresilienter (Münkler/Münkler 2019). Wer Vielfalt und Differenz kennt, findet schneller beste Reaktionsmodelle für Lösungen.

Der Föderalismus, im besten Sinne als Wettbewerbsföderalismus angelegt, offenbart in dieser Logik des klugen Vorteils von Heterogenität, einen Ausweg tastend zu lernen. Der sogenannte »Flickenteppich« an 16-facher Unterschiedlichkeit (agile Infrastrukturen) in der Pandemie-Bekämpfung ist dann nicht das Problem, sondern die Lösung. Der starke Verwaltungsunterbau – mit den Gesundheitsämtern – und die föderalen Strukturen ermöglichen die Krise gerade dort intensiver, anpassungsfähiger, und regional robuster zu bekämpfen, als es vom Bund aus steuerbar wäre.

Es sind insofern die klugen strategischen Verbindungen von gelebter und akzeptierter Vielfalt, von Resilienz-Erfahrungen und offensiven Lernstrategien, die prinzipiell dem bundesdeutschen Politikmanagement in der Krise aus Ausweg zur Verfügung stehen. Es sind Prinzipien einer Vorsorgestrategie, die Sicherheit schafft auch für kommende Herausforderungen.

Fazit: Die Verhältnismäßigkeit von Entscheidungszumutungen

Mit epochaler Drastik bahnte sich ein Virus den Weg in alle Gesellschaften der Welt. Wenn Risiko zum Regelfall bei politischen Entscheidungen wird, hat dies Konsequenzen für den Modus des demokratischen Entscheidens. Wer mit dem Überraschenden rechnet, ist nicht nur vom Zufall abhängig. Wer Komplexitäts-Kompetenz und Verunsicherungsfähigkeit besitzt, erkennt die besonderen Momente, der politischen Wendungen, in den das Sichere kippt. In Zeiten des Gewissheitsschwundes wachsen die Zumutungen für die politischen Akteure, aber auch für die Regierungsformation – im Bund und in den Ländern – insgesamt. Damit zu rechnen, macht die Klugheit von Strategiefähigkeit aus. Die neue formative Phase des politischen Entscheidens steht unter dem permanenten Druck wachsender Komplexität, zunehmender Unsicherheit, steigendem Nichtwissen, dynamischen Zeitbeschleunigungen und exponentiellen Risikoerwartungen. Das deutsche politische System hat mit robuster Funktionsfähigkeit einer besonderen Gouvernementalität darauf professionell reagiert. Als Resilienzstärke erweist sich einmal mehr die Kombination aus Politikmanagement und Verwaltungsaufbau: »Die Dualität von struktureller Fragmentierung im Organisatorischen und Vereinheitlichung über Rechtsetzung und weitere Mechanismen der Reintegration ist ihr wesentlicher Kern« (Seibel 2017, S. 173). Träger dieses deutschen Sonderwegs sind vor allem die drei gebietskörperschaftlichen Ebenen von Bund, Ländern und Gemeinden. Die robuste Funktionsfähigkeit dieses verwaltungstechnischen Politikmanagements verbündet sich seit langem mit Werten und Zielen aus den Politikfeldern wie beispielsweise des Klimaschutzes, der Sozialstaatlichkeit und jetzt mit umfassender Vorsorge.

Die Politik muss mit dem Virus weiter rechnen. Die politische Corona-Gesellschaft verfügt idealerweise über kollektive Erfahrungen, die Pandemie als externen Schock eingehegt zu haben. Das sind nicht zu unterschätzende Identitäts-Angebote, die Zuversicht enthalten. Trotz radikaler Einschränkungen half Solidarität konstruktiv. Soziale Verhaltensformen der Selbstwirksamkeit – nicht technik-, sondern sozial getrieben, zeigten ganz offensichtlich Wirkungen im Kampf gegen die Pandemie. Im »Rausch des Positiven« (Matthias Horx) leben die Bundesbürger nunmehr mit dem Gefühl der geglückten Angstüberwindung. Konstant hoch bewerten sie ihre eigene Lebenszufriedenheit und Wirtschaftslage viel positiver, als die allgemeine Lage. Die Bewältigung stärkt nicht nur das Gemeinwohl (Korte 2019) und das republikanische Wir, sondern die Corona-Erfahrungen machen auch kollektiv stark: Der Staat und seine Bürger sind nicht ihren Ängsten erlegen.

Und doch müssen wir uns auch daran gewöhnen, künftig Gemeinwohl – das sich durch Vertrauen konstituiert – anders zu interpretieren. Politische Vergemeinschaftung setzte bislang immer auf konkrete soziale Nahbeziehungen. Welche Integrationskraft entwickelt sich unter den Bedingungen digitaler Vergemeinschaftungen, neuer digitaler Mündlichkeit, virtueller Zeichensprache-Kollektive? Gemeinwohl ist sicher nicht statisch. Aber bleibt eine Verflüssigung wirkungsmächtig? Gemeinwohl bleibt wichtig, denn es stiftet demokratischen Zusammenhalt besonders als Orientierungsidee der Res publica. Trotz der Krisen-Stabilisierung des Gemeinwesens erkennen wir gerade jetzt, wie reparaturbedürftig unsere Gesellschaft ist.

Ob das Primat der Politik und die Renaissance einer Staatsbedürftigkeit anhalten, wird davon abhängen, wie es die Politik schafft, die Schlüsselkategorie Vertrauen zu stabilisieren. Die Konturen des Neuen in einer »Coronakratie« (Florack/Korte/Schwanholz 2021) könnten darin bestehen, dass anders als bei der Flüchtlingskrise, diesmal die Spitzenpolitik offensiver und transparenter für Verständnis wirbt.

Literatur

Bieber, Christoph u. a. (Hrsg.) 2017: Regieren in der Einwanderungsgesellschaft, Wiesbaden.

Florack, Martin/Korte, Karl-Rudolf/Schwanholz, Julia (Hrsg.) 2021: Coronakratie. Zur Resilienz demokratischen Regierens, Frankfurt/New York.

Heinze, Rolf 2009: Rückkehr des Staats?, Wiesbaden.

Korte, Karl-Rudolf 2011: Risiko als Regelfall, in: ZfPol, S. 465–478.

Korte, Karl-Rudolf 2019: Gesichter der Macht. Über die Gestaltungspotenziale der Bundespräsidenten, Frankfurt/New York.

Korte, Karl-Rudolf/Schoofs, Jan (Hrsg.) 2019: Die Bundestagswahl 2017, Wiesbaden

Lemke, Matthias 2020: Katastrophenmanagement im Föderalismus, Notstandspolitik auf Länderebene im Rahmen der Corona-Pandemie, Essay, erschienen auf: www.Regierungsforschung.de.

Maizière, Thomas de 2019: Regieren. Innenansichten der Politik, Freiburg.

Möllers, Christoph 2020: Künstler des Zweifels, in: Die Zeit v. 7. Mai.

Münkler, Herfried/Münkler, Marina 2019: Abschied vom Abstieg, Berlin.

Pörksen, Bernhard 2018: Die Deregulierung des Wahrheitsmarktes, in: Günter Blamberger u. a. (Hrsg.): Vom Umgang mit Fakten, S. 11–21.

Schimank, Uwe 2011: Nur noch Coping: eine Skizze postheroischer Politik, in: ZfPol., S. 455–463.

Seibel, Wolfgang 2017: Verwaltung verstehen, Frankfurt.

Wilharm, Robin 2016: Politisches Entscheiden in Krisenmomenten, in: Karl-Rudolf Korte (Hrsg.): Politik in unsicheren Zeiten, Baden-Baden, S. 172–191.

1 https://www.bundesregierung.de/breg-de/service/bulletin/regierungserklaerung-von-bundeskanzlerin-dr-angela-merkel-1746978 [zuletzt aufgerufen: 15.05.20].

2 https://www.bundesgesundheitsministerium.de/presse/reden/regierungsbefragung-220420.html [letzter Aufruf: 15.05.20].

Die Corona-Krise als Medienereignis

Tanjev Schultz

Dem Virus ist nicht zu entkommen. Es lauert in jeder Nachrichtensendung, es steckt in den Zeitungen, in Radiobeiträgen und Social-Media-Kanälen. Was man auch anschaltet oder anklickt: Corona ist immer da. Die Berichterstattung scheint flächendeckend zu sein. Die Corona-Krise ist nicht nur eine gesundheitliche, politische, wirtschaftliche und kulturelle Herausforderung. Sie ist ein dramatisches, weltweites Medienereignis – mit allen Höhen und Tiefen, Schwächen und Stärken, die aus den Strukturen des Journalismus folgen.

In der Bewertung zeichnen sich zwei Perspektiven ab, die sich scheinbar widersprechen: Die einen beklagen mediale Defizite und Verzerrungen, die anderen loben die Leistungen des Journalismus. Der Gegensatz löst sich auf, wenn nicht mehr »die« Medien vor Augen stehen sondern die Vielfalt der Angebote, die von schrillen Schlagzeilen und schnellen Meldungen über aufwendige Reportagen bis zu nüchternen Analysen reichen. Bei aller Differenzierung gilt allerdings auch: Es gibt Strömungen, die dem öffentlichen Diskurs eine Richtung geben.

In den ersten Wochen der Pandemie, als über hamsternde Kunden und heldenhafte Kassierer gesprochen wurde, hieß es oft, die Krise bringe das Beste und das Schlechteste im Menschen hervor. Irgendwann konnte man die Phrase nicht mehr hören, stimmen mag sie trotzdem. Es erscheint plausibel, dass auch gesellschaftliche Teilsysteme, wie die Medien und der Journalismus, in Krisenzeiten zur Höchstform auflaufen und ihre Eigenschaften besonders gut sichtbar werden – die positiven wie die negativen.

Die Redaktionen mussten sich auf schwierige Bedingungen einstellen. Viele verlegten die Arbeitsplätze ins Home-Office, Konferenzen und Recherchewege mussten durch neue Routinen und Zugänge ersetzt werden. Die Medienunternehmen erlebten einen Einbruch der Einnahmen, der sie dauerhaft belasten wird. Auf einen Schlag fielen Werbeanzeigen weg, viele Redaktionen in Deutschland mussten die Arbeitszeit reduzieren und in Kurzarbeit gehen, obwohl es, journalistisch betrachtet, unheimlich viel zu tun gab.

So prekär ihre ökonomische Lage ist, so erfolgreich meistern viele Medien die Krise publizistisch: Ihre Beiträge treffen, vor allem in den ersten Wochen der Pandemie, auf ein gewachsenes Informations- und Orientierungsbedürfnis (vgl. Betsch u. a. 2020 sowie unten Abb. 8). Nachrichten- und Spezialsendungen erzielten hohe Reichweiten. Auch Zeitungen und Zeitschriften wurden vermehrt gekauft, vor allem als digitale Produkte. Jenseits der Schlagzeilen und Zahlenhäppchen bieten einige Redaktionen tiefer ansetzende Lesestücke und differenzierte Datenanalysen. Eine erste systematische Inhaltsanalyse kommt zu dem Ergebnis, dass die traditionellen Nachrichtenmedien in Deutschland relativ vielfältig und nuancenreich berichtet und keineswegs rundum versagt haben (vgl. Quandt u.a. 2020). Dies gilt nicht zuletzt im Vergleich mit einigen sogenannten »alternativen Medien«, die im Internet auf dramatisierende Beiträge und teilweise obskure Akteure setzen. Wer mehr suchte als oberflächliche oder Panik schürende Berichte, konnte sie finden.

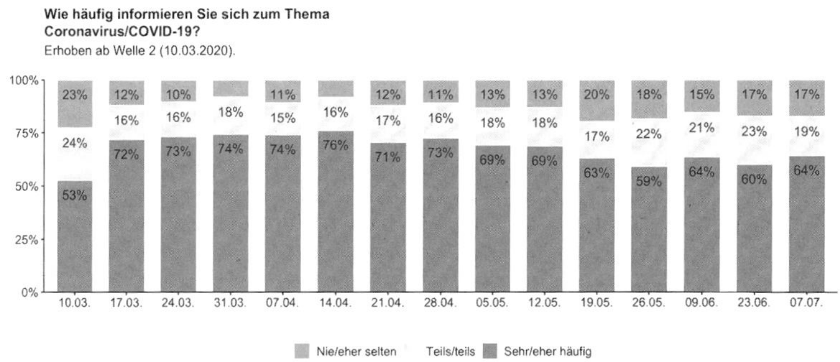

Abb. 8: Informationsverhalten in der Corona-Krise (Betsch u.a. 2020). Quelle: https://projekte.uni-erfurt.de/cosmo2020/cosmo-analysis.html.

Wie weggewischt wirkten jedoch die Themen, die in den Wochen vor Ausbruch der Seuche die öffentliche Debatte beherrschten: der Klimawandel, Greta Thunberg und die Bewegung »Fridays für Future« – oder die turbulente Wahl eines Ministerpräsidenten in Thüringen. Alles erst mal vergessen. Verdrängt von einem Virus, dessen stachelkugelige Form sich durch unablässige mediale Abbildungen in die kollektive Netzhaut einbrennt.

Es ist ein Merkmal der Mediengesellschaft, dass öffentliche Themen Konjunkturen haben und nur wenige Fragen jeweils die Agenda dominieren. Früher bestimmten darüber die klassischen Massenmedien, die Forschung sprach von einer Agenda-Setting-Funktion. Im digitalen Zeitalter wirken viele Akteure an der Agenda mit: Youtube-Stars, Influencer, Blogger und die unzähligen Menschen, die in ihrer Freizeit Meme und Kommentare verbreiten.

Doch noch immer haben etablierte journalistische Angebote einen nicht zu unterschätzenden Einfluss auf die Wahrnehmung von Themen. Sendungen wie die Tagesschau oder das Heute-Journal erreichen jeden Tag Millionen von Zuschauern, die großen Zeitungen werden von Entscheidern und Multiplikatoren gelesen. Auf den Internet-Plattformen bezieht sich die Kommunikation oft auf Informationen, die zunächst über klassische journalistische Angebote kommuniziert wurden.

So groß bei vielen Menschen anfangs das Bedürfnis war, sich über das Virus zu informieren, so schnell kann der Medienkonsum in Überdruss umschlagen. Die Fülle an teilweise widersprüchlichen und unsicheren Nachrichten kann Gefühle von Überforderung auslösen. Allein die schiere Menge an Beiträgen kann, verbunden mit eigenen Existenzsorgen, zu Abwehrreaktionen führen (*information overload*). Die Medienforschung diskutiert solche Phänomene auch unter dem Stichwort einer »Themenverdrossenheit« (vgl. Kuhlmann u. a. 2014). Beispiele aus der jüngeren Vergangenheit sind die Griechenland-Krise oder der Brexit: Sogar politisch sehr interessierten Personen fällt es schwer, den Überblick zu behalten. Zugleich kann durch die kleinteilige Berichterstattung der Eindruck entstehen, dass nur wenig vorangeht und die Öffentlichkeit in einer Endlosschleife gefangen ist.

Corona als Medien-Hype?

Die Berichterstattung über Kriege, Krisen und Katastrophen nimmt bisweilen Züge eines Spektakels an. Ist ein Thema über Wochen oder sogar Monate in allen Medien präsent, wirken die Beiträge wie ein Rausch, auf den irgendwann die Ernüchterung folgt. War es nur ein »Medien-Hype«, bei dem zwar nicht alles erfunden, aber vieles übertrieben wurde?

Aus Studien über Skandale kennt die Medienforschung Beispiele für maßlose und relativ gleichförmige Muster der Berichterstattung, und das nicht nur im Boulevardjournalismus. Es gibt (Skandal-)Themen, bei denen die tonangebenden Medien sehr konsonant klingen. Dann dominiert nicht nur dasselbe Thema, auch die Kommentare ähneln sich, abweichende Stimmen sind selten zu hören. Manchmal, wie nach der Affäre um den Bundespräsidenten Christian Wulff, setzte später eine journalistische Selbstreflexion ein. Einige geben sich zerknirscht und räumen ein, dass es Anlass für kritische Berichte gegeben habe, nicht aber für dieses Ausmaß und diese Unerbittlichkeit. Zunächst war es um die Finanzierung von Wulffs Eigenheim gegangen, später wurde immer kleinteiliger über angebliches Fehlverhalten berichtet – bis hin zum Geschenk eines »Bobby-Cars« (vgl. Jackob 2018).

Weil mediale Exzesse vielen Menschen (unangenehm) vertraut sind, bleiben einige bei Aufregern erst einmal skeptisch oder gelassen. Dieses Verhalten kann dazu beigetragen haben, die Corona-Pandemie zu unterschätzen. Aus Umfragedaten ist abzulesen, dass bis Mitte März 2020 vielen in Deutschland die Berichte über das Virus als »medial aufgeblasen« erschienen (vgl. Betsch u. a. 2020 und unten Abb. 9). In der Politik wurden die Gefahren anfangs ebenfalls unterschätzt (vgl. Bewarder u. a. 2020). Interessanterweise haben aber auch die Medien eine Weile gebraucht, bis sie die Pandemie zum Top-Thema gemacht haben (vgl. Quandt u. a. 2020).

Angesichts vorausschauender Seuchen-Szenarien, die Experten schon vor Jahren entworfen hatten, wirken die Reaktionen in Politik und Öffentlichkeit rückblickend naiv. Die schlechte Vorbereitung, zum Beispiel bei der Ausstattung mit Schutzausrüstung, lässt sich als mangelhafte Vorsorge werten. Allerdings ist es hinterher immer leicht, Kritik zu üben. Oft gibt es nachvollziehbare Gründe, nicht sofort zu handeln oder gar in Panik zu verfallen – Gründe, die auch mit dem oft problematischen Alarmismus der Medien zu tun haben.

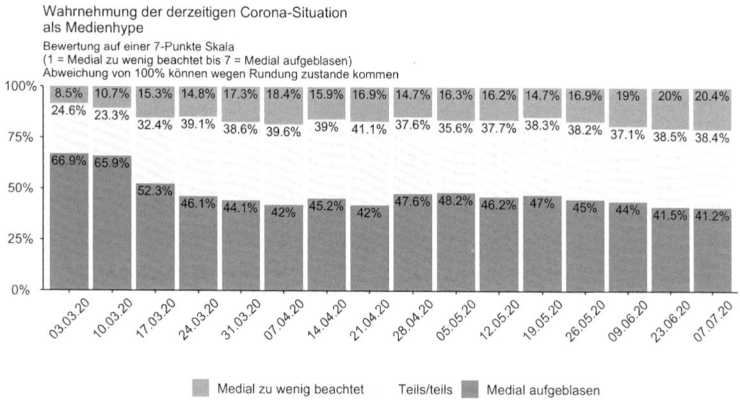

Abb. 9: Wahrnehmung der Corona-Situation als Medien-Hype (Betsch u.a. 2020). Quelle: https://projekte.uni-erfurt.de/cosmo2020/cosmo-analysis.html.

Geflügelpest, Schweinegrippe, Rinderwahn: Erreger und Aufreger hatte es immer wieder gegeben (vgl. dazu Beitrag oben von David Engels). Vieles war zwar ernst zu nehmen, aber nicht so bedrohlich, dass man das ganze Land hätte lahmlegen müssen. Die Neigung zur Dramatisierung führt dazu, dass die Öffentlichkeit eine gewisse Resilienz entwickelt. Sie wird immun gegen Alarmismus. Das ist gut, um Übertreibungen auszuhalten. Zum Problem wird es, wenn der Alarm berechtigt ist.

Beim neuen Corona-Virus verschärfte sich Mitte März die Lage. Längst war nicht mehr nur China betroffen. Das Virus breitete sich in Europa aus. In den USA trat ein Reisebann in Kraft, Deutsche und andere Europäer durften nicht mehr ins Land. In Norditalien geriet die Situation außer Kontrolle, aus den Krankenhäusern drangen verzweifelte Stimmen an die Öffentlichkeit. Es folgten Bilder eines Konvois italienischer Militärfahrzeuge, die Leichen abtransportierten. Im deutschen Fernsehen wurden die Aufnahmen immer wieder gezeigt. Dazu kamen, als sich auch in New York die Kliniken füllten, Videos von Massenbegräbnissen aus den USA.

Aus der Medienforschung weiß man, dass solche Bilder einen Sog entwickeln können. Sie werden zum Sinnbild eines historischen Geschehens. Es sind Schlüsselereignisse, die den Diskurs verändern und die Politik zum Handeln zwingen. Bekannte Beispiele dafür sind die Fotografien aus dem Vietnam-Krieg, die in den USA den Widerstand befeuerten. Während der Corona-Krise hatten, wie Umfragen zeigen (vgl. Rees u. a. 2020), die Bilder aus Italien eine warnende Wirkung: Viele Menschen in Deutschland nahmen das Virus nun sehr ernst. Sie begannen, bereits vor den staatlich verordneten Kontaktbeschränkungen ihr Verhalten zu ändern. Ende März empfand die Mehrheit der Deutschen die öffentliche Debatte nicht als übermäßig dramatisiert, sondern als lösungsorientiert (vgl. Viehmann u. a. 2020). Allerdings zeichneten sich bereits Konflikte ab: In den jüngeren Altersgruppen war der Eindruck deutlich stärker verbreitet, dass die Situation dramatisiert werde.

In den folgenden Wochen, als die Schutzmaßnahmen zunehmend hinterfragt wurden, deuteten Politiker und Journalisten immer wieder auf die Bilder aus Italien und New York, die nicht vergessen werden dürften. Das Virus ist für Menschen mit bloßem Auge nicht zu erkennen, die Bilder machten die Gefahr sichtbar. Und doch sind sie nur ein medial transportierter Ausschnitt aus der Wirklichkeit. Andere Bilder waren nicht oder weniger gut verfügbar: der alte Mensch, der einsam im Pflegeheim sitzt und die Welt nicht mehr versteht; die Patientin, deren Operation verschoben werden musste und nun sorgenvoll wartet; der Gastwirt, der vor dem Ruin steht und in eine Depression rutscht.

Auch wer die Maßnahmen zur Eindämmung der Pandemie insgesamt für gerechtfertigt hielt, konnte bemerken, dass die Medien in der Phase, als die schockierenden Bilder aus Italien eintrafen, wenig Platz für andere Perspektiven ließen. Erst später, als die Ungeduld vieler Menschen wuchs, verschob sich der Diskurs. Doch auch jetzt standen keine guten Bilder zur Verfügung, die auf ähnliche ikonographische Weise die Nöte der Menschen, die unter den Beschränkungen litten, hätten greifbar machen können.

So ist es nicht erstaunlich, dass stattdessen ein Auftritt des Fernsehkochs Tim Mälzer viral ging, der in der Talkshow von Markus Lanz beinahe weinte, als er auf die Situation in der Gastronomie angesprochen wurde. Diese scheinbar oder tatsächlich authentische Szene transportierte Emotionen, die in den abstrakten Berichten über Soforthilfen oder in den komplizierten Auseinandersetzungen über Infektionszahlen (den R-Wert usw.) keinen Platz hatten.

Als in Deutschland die Maßnahmen griffen und die Krankenhäuser vor einem Ansturm verschont blieben, begannen die schrecklichen Bilder aus Italien zu verblassen, obwohl dort weiterhin zahlreiche Menschen starben. Zu sehen waren nun Aufnahmen leerer deutscher Klinikbetten, geschlossener Lokale und umgestalteter Klassenzimmer. Obwohl laut Umfragen die Zustimmung der Bevölkerung für das staatliche Vorgehen hoch blieb, thematisierten die Medien verstärkt den Sinn und die Verhältnismäßigkeit einzelner Maßnahmen. Nun hätte der Eindruck eines Medien-Hypes wieder stärker werden können. Ende April wuchs die Zustimmung zur Aussage, das Corona-Virus werde »medial aufgeblasen«, aber nur leicht an und sank danach wieder ab (vgl. Abb. 9).

In den Vordergrund rückten die wirtschaftlichen Schwierigkeiten und die Probleme vieler Menschen, ihren Alltag zu meistern. Das »Framing« wandelte sich: der Rahmen, den Beiträge setzen und mit dem sie vorgeben, welche Aspekte eines Themas zur Geltung kommen und welche nicht (vgl. Matthes 2014). Man kann auch von Deutungsmustern sprechen. Als Deutungsmuster dominierte, soweit sich das ohne umfangreiche Inhaltsanalysen bereits sagen lässt, nicht mehr das Framing »Das Virus als Gefahr«, sondern das Framing »Die Maßnahmen gegen das Virus als Gefahr«.

Zu den Deutungsmustern, die unabhängig vom konkreten Thema in den Medien stets stark verbreitet sind, gehören die Personalisierung und die Konfliktorientierung. Das führt dazu, dass Journalisten intensiv über die Strategie, die Rivalität und den Wettbewerb einzelner Politikerinnen und Politiker berichten. Dieses Framing politischer Prozesse erinnert an Sportwettkämpfe. In der Medienforschung spricht man in Anlehnung an Pferderennen auch von einer »Horse-Race-Berichterstattung«. Wer gewinnt, wer verliert? Dieses Schema wurde, nachdem der anfangs herrschende Grundkonsens verflogen war, auch in der Corona-Krise über die Politik und die Wissenschaft gelegt. Wie steht Deutschland bei den Infektionszahlen im Vergleich zu anderen Ländern da (manche Tabellen sahen aus wie Medaillenspiegel bei den Olympischen Spielen)? Sticht Markus Söder den Rivalen Armin Laschet aus? Wer ist der bessere Virologe: Christian Drosten oder Hendrik Streek?

Erste systematische Analysen kommen zu dem Ergebnis, dass ein »Horse-Race-Frame« in den ersten Wochen der Krise zwar vorkam, es aber nicht zu den dominierenden Mustern der Berichterstattung gehörte (vgl. Quandt u. a. 2020). Es ist offensichtlich, dass vor allem (aber nicht nur) die Boulevardmedien einige prominente Akteure ins Zentrum stellten und (angebliche) Konflikte zwischen ihnen prominent aufgegriffen, angeheizt oder sogar konstruiert haben.

Dass manche Medien dazu neigen, ihre Berichterstattung wie eine Heldensaga aufzuziehen (außer Helden braucht es dann Bösewichte und Abenteuer), verweist auf grundlegende Erzählstrukturen im öffentlichen Diskurs. Auch wenn es nicht um fiktionale Geschichten geht, hat die Berichterstattung über große Medienereignisse archetypische Züge. Daniel Dayan und Elihu Katz (1994) nennen in diesem Zusammenhang »Wettbewerbe« (*contest*), wie Olympische Spiele oder politische TV-Duelle, und »Eroberungen« (*conquest*) wie die Mondlandung. Anders als diese Ereignisse ist die Corona-Krise keine geplante und zeitlich klar umrissene Veranstaltung, dennoch finden sich auch hier typische Muster.

So geht es während der Pandemie, ähnlich wie beim Typ »Eroberung«, um ein kollektives Vordringen in neue Welten: das Erkunden eines noch unbekannten Virus, das Entwickeln eines Impfstoffs, der kollektive Kampf gegen die Seuche. In der ersten Phase der Krise reduziert sich die Aufgabe der Journalisten auf (unkritische) Begleitmusik, Dayan und Katz sprechen von der Rolle eines Barden. Das Publikum kann staunend verfolgen, wie Virologen und Politiker voranschreiten, Lösungen suchen und die Menschheit hoffentlich vor dem Schlimmsten bewahren. Konflikte werden kleingehalten, es überwiegt das Erleben einer Schicksalsgemeinschaft, die jetzt zusammenhalten muss.

Doch wie erwähnt hat sich der Diskurs im Laufe der Zeit verändert. Zunehmend traten Konflikte und Widersprüche hervor, und so begann das Erzählmuster des Wettbewerbs zu greifen, in dem mindestens zwei Lager auftreten. Anspruchsvolle journalistische Beiträge liefern Grautöne und Differenzierungen, andere ordnen die Debatten sehr schlicht in Gut und Böse, Pro und Kontra. Wer ist für Lockerungen der Corona-Maßnahmen, wer dagegen? Wer sind die Gewinner, wer die Verlierer? Das Publikum sieht sich genötigt, Partei zu ergreifen. Streit bricht aus. Und nun können, anders als in der frühen Phase des Staunens, der Sorge und des Zusammenhalts, vermehrt kritische Fragen gestellt und diskutiert werden.

Gemeinschaftsgefühl und Kritik

Medien haben eine Integrationsfunktion, die für den öffentlichrechtlichen-Rundfunk sogar als Auftrag formuliert ist. In Krisenzeiten wird der soziale Zusammenhalt wichtig. Vor diesem Hintergrund ist es verständlich, dass die Sender zu Beginn der Pandemie das Gemeinschaftsgefühl fördern wollten. Sie machten sich die offiziellen Verhaltenshinweise zu eigen und verbreiteten Slogans, die wie Durchhalteparolen klangen: an den Bildschirmrand gesetzte Worte wie »Zusammenhalten« und »Für Euch da«. Im ZDF warben die Mainzelmännchen für die Hygieneregeln.

Einige Medienforscher bemängeln, die Berichterstattung sei vor allem in den ersten Wochen zu unkritisch und zu wenig komplex gewesen (vgl. Ruß-Mohl 2020). Die Politik der Regierung und die Darstellungen der Behörden, Ärzte und Wissenschaftler hätten stärker hinterfragt werden müssen. Tatsächlich schien im Framing »Das Virus als Gefahr« wenig Platz für kritisches Nachhaken zu sein. Dabei hätte es gar nicht um fundamentale Kritik und schon gar nicht um Verschwörungsmythen gehen müssen (das Virus existiere nicht oder sei nicht gefährlich; Bill Gates stecke dahinter usw.). Vielmehr hätte aus Sicht seriöser Medienkritiker schon früher eine Debatte über die Strategie und die Auswirkungen der staatlichen Maßnahmen einsetzen sollen.

Wer im Detail wie berichtet hat, kann hier nicht im Einzelnen diskutiert werden. Wichtig erscheint jedoch der Hinweis, dass Aspekte wie die Verhältnismäßigkeit der Eingriffe in Grundrechte durchaus früh zur Sprache kamen, im Ersten Programm beispielsweise durch den ARD-Rechtsexperten Frank Bräutigam. Allerdings waren sie nicht so präsent wie das Beschwören der Gefahren durch das Virus.

Diese Gewichtung lässt sich mit Blick auf die reale Gefahrenlage nicht nur erklären, sondern womöglich auch rechtfertigen: Man kann argumentieren, der Journalismus trage in solchen Situationen eine Verantwortung für das Gemeinwesen. Kommen Redaktionen zu dem Ergebnis, dass befristete Eingriffe in Grundrechte erforderlich sind, um katastrophale Zustände zu verhindern, werden sie entsprechend berichten und kommentieren. Verheerend wäre dies, wenn es nicht aus freien Stücken geschähe, sondern aufgrund politischen Drucks oder staatlicher Weisung. Solche Weisungen gibt es in Deutschland nicht. Würden Politiker versuchen, direkten Einfluss auf redaktionelle Entscheidungen zu nehmen, könnte dies umgehend skandalisiert werden. In der Forschung wird darüber diskutiert, ob nicht dennoch, auch in einem freien Mediensystem wie dem der Bundesrepublik, eine zu große Nähe zwischen Politik und Medien herrscht und Journalisten unbewusst, durch ihre Sozialisation und ihre Routinen zu stark die Perspektive der Mächtigen einnehmen.

Freilich ist Kritik kein Selbstzweck; wird sie zur bloßen Attitüde, läuft sie ins Leere. Es wäre unangemessen und überzogen, dem deutschen Journalismus einen Untertanengeist vorzuwerfen, nur weil Redaktionen zu erkennen gaben, dass sie die Maßnahmen zur Bekämpfung des Virus im Großen und Ganzen für richtig hielten. Es soll ja vorkommen, dass eine Regierung etwas Vernünftiges tut, das Journalisten nachvollziehen können. Mit einer fehlenden kritischen Haltung oder gar einer medialen Gleichschaltung hat dies nichts zu tun.

Es trifft auch nicht zu, dass in den etablierten Medien gar keine Kritik und keine Zweifel geäußert worden wären. Sie kamen von linker Seite ebenso wie von liberal-konservativer Seite. Der linke Publizist Jakob Augstein, Herausgeber der Wochenzeitung »Freitag« und Miteigentümer des »Spiegel«, bekundete Sympathien für das schwedische Modell, das auf strenge staatliche Maßnahmen verzichtete. Der Chef des Springer-Verlags, Mathias Döpfner, veröffentlichte in der »Welt« einen langen Beitrag unter der Überschrift »Ich habe Zweifel« (Döpfner 2020). Darin warf er bereits Ende März die Frage auf, ob die Maßnahmen zur Bekämpfung des Virus alternativlos waren und ob sie nicht zu weit gingen.

Im weiteren Verlauf verlangten nicht nur AfD-, sondern auch FDP-Politiker ein Abrücken von den gesellschaftlichen Einschränkungen. Der CDU-Ministerpräsident Armin Laschet trat frühzeitig für Lockerungen ein. Als aus einer Sitzung des CDU-Präsidiums nach draußen drang, Kanzlerin Angela Merkel habe vor »Öffnungsdiskussionsorgien« gewarnt, wurde sie dafür in vielen Medien kritisiert. Der Tenor: Natürlich müsse in der Gesellschaft darüber diskutiert werden können.

Dennoch kann sich in systematischen Inhaltsanalysen herausstellen, dass gerade in der Anfangsphase von Journalisten relativ wenig danach gefragt wurde, wie es um die Grundrechte bestellt war. Hätte nicht stärker thematisiert werden müssen, wie die Versammlungsfreiheit noch wahrgenommen werden kann? Hätte nicht stärker insistiert werden müssen, die Parlamente besser einzubinden?

In einer Demokratie kann die Öffentlichkeit nicht abdanken und sich in die Hände von Experten begeben. Redaktionen, die über fachkundige Wissenschaftsjournalisten verfügen, waren in der

Lage, mit den Zahlen und Unsicherheiten diverser Studien umzugehen. Andere hatten damit Probleme. Nur gut ausgebildete und für Recherchen freigestellte Journalisten sind in der Lage, die Debatten zwischen Forschern richtig zu deuten – und den Finger auf wunde Punkte zu legen, die der Wissenschaft Schmerzen bereiten.

Auch wenn es den Forschern nicht behagt: Auch sie müssen sich gegebenenfalls Kritik gefallen lassen. So gut Deutschland (bisher) im internationalen Vergleich durch die Krise gekommen ist, so sehr müssen Einrichtungen wie das Robert-Koch-Institut skeptische Fragen und begründete Kritik aushalten, beispielsweise zum Umgang mit Kennziffern oder zur Verfügbarkeit bestimmter Daten. Die Presse- und Meinungsfreiheit macht Kritik möglich, die für individuelle und institutionelle Lernprozesse wichtig ist (vgl. Schultz 2020a).

Die Tatsache, dass in Christian Drosten einer der international führenden Experten der Coronavirus-Forschung an der Charité in Berlin arbeitet und sein Wissen in einem informativen Podcast mit der deutschen Öffentlichkeit teilte, mag als Glücksfall gelten. Dennoch ist auch Drosten, wie er selbst oft deutlich macht, natürlich nicht allwissend. Fundierte wissenschaftliche und (wissenschafts-)journalistische Kritik an seinen Studien und Aussagen ist nötig, nicht allerdings unseriöser Kampagnenjournalismus, wie unter anderem Boulevardblätter ihn bisweilen betreiben.

Drosten und andere wichtige Expertinnen und Experten haben viel dazu beigetragen, die Bevölkerung zu informieren und aufzuklären. Es ist auch bemerkenswert, wie viele Menschen die oft sehr langen und speziellen Ausführungen Drostens in seinem vom NDR produzierten Podcast verfolgt haben. Darin zeigt sich, dass Redaktionen ihrem Publikum, wenn etwas relevant ist, mehr zutrauen und zumuten können, als sie vielleicht glauben. Nicht immer müssen komplexe Sachverhalte stark vereinfacht und in kleine Häppchen zerlegt werden.

So wertvoll Drostens Podcast wirkte, es muss die Frage erlaubt sein, warum der NDR und nicht die Charité ihm eine solche Plattform zur Verfügung stellte – und die Rolle der Journalistinnen dabei weitgehend auf die von Stichwortgeberinnen reduziert hat. Würde man einem Politiker ein solches Forum bieten, erschiene es wie Gefälligkeitsjournalismus. Warum durfte Drosten im Podcast seine teilweise streitbare Medienkritik üben, ohne dass Einwände von der Interviewerin kamen?

Zur Aufgabe des Journalismus gehört es, das Wissen von Fachleuten in die Öffentlichkeit zu bringen – aber auch, dieses Wissen einzuordnen und zu hinterfragen (vgl. Schultz 2020b). Unwägbarkeiten sind transparent zu machen. Nicht zur Aufgabe des Journalismus gehört es, Scharlatanen ein Forum zu geben. Drosten ist unbestreitbar ein kompetenter und seriöser Experte, bei anderen Medizinern war die Kompetenz fragwürdig und nicht so leicht zu ermessen. Medien, die keine Wissenschaftsjournalisten beschäftigen, die den Forschungsbetrieb einschätzen können, tun sich damit besonders schwer.

Die Entscheidung, was legitime Positionen sind und wo es sich lohnt, auch denen, die gegen herrschende Lehren angehen, Gehör zu verschaffen, ist manchmal auch deshalb nicht leicht zu treffen, weil auch die Wissenschaft nicht frei ist von Moden und blinden Flecken. Grundsätzlich sollte aber klar sein: Vielfalt allein um der Vielfalt willen würde in der medialen Berichterstattung zur einer unverantwortlichen Verzerrung führen. Unseriöse Akteure würden dadurch unnötig aufgewertet.

Man kann sich das am Speakers' Corner in London klarmachen (vgl. Simon 2019): Dort darf im Prinzip jeder auftreten und die seltsamsten Ideen verkünden. Auch wirre Heils- und Verschwörungslehren sind erlaubt. Die Erde ist eine Scheibe? Die Politiker sind in Wahrheit Echsenmenschen? Alles darf gesagt werden. Aber die meisten Passanten, die an solchen Rednern vorbeikommen, machen das Vernünftigste, was man tun kann: Sie gehen einfach weiter.

Man kann darüber diskutieren, ob die etablierten Medien zu Beginn der Pandemie zu wenig Platz für kluge Kritiker der Corona-Politik gelassen haben. Dass sich im Laufe der Zeit Extremisten und Verschwörungsideologen aufschwangen, die Rolle einer Opposition zu spielen, ist in jedem Falle problematisch. Solche Akteure umgehen den Journalismus und erreichen ihr Publikum über eigene Kanäle im Internet. Daraus zu schließen, auch die etablierten Medien müssten ihnen ein Forum geben, wäre wenig überzeugend. Kritische Stimmen verdienen es, gehört zu werden, doch vor Extremisten und Ideologen darf der Journalismus nicht in die Knie gehen. Sonst könnte er nicht mehr als vertrauenswürdige Quelle dienen, die den Menschen hilft, sich in einer komplexen Welt zu orientieren.

Vertrauen in den Journalismus

Die Zustimmung der deutschen Bevölkerung zur Corona-Politik ist im Laufe der Zeit gesunken, insgesamt blieb der Rückhalt aber groß. Im Internet und auf den Straßen formierte sich Protest, Rechtsextremisten und Verschwörungsideologen bemächtigten sich der wachsenden Frustration. In diesen Kreisen zählt der klassische Journalismus nicht viel, gesetzt wird auf »alternative« Medien.

Die Entwicklung erinnert teilweise an die Situation in den Jahren 2015/16, als Pegida und die AfD gegen die Migrationspolitik opponierten und gegen Journalisten wetterten. Das (Un-) Wort der »Lügenpresse« wurde populär – und hallt bis heute nach. In vielen Redaktionen führten die scharfen Angriffe zu einer Verunsicherung. Welche Rolle kann der Journalismus in Zeiten, in denen Populisten triumphieren und ihre Anhänger in eigene digitale Welten verschwinden, überhaupt noch spielen?

In Krisenzeiten können Verschwörungslegenden und »Lügenpresse«-Vorwürfe zu einem ernsten Problem werden. Der öffentliche Diskurs ist darauf angewiesen, dass das Publikum den Medien ihre Legitimation und Glaubwürdigkeit nicht grundsätzlich abspricht. Um ihrer Aufgabe nachkommen zu können, die Menschen zu informieren und zur gesellschaftlichen Problemlösung beizutragen, müssen sich Journalisten auf ein Fundament an Vertrauen in der Bevölkerung stützen können.

Der Rückhalt, den radikale Medienkritiker haben, wird nicht zuletzt durch die Aufmerksamkeit, die sie in klassischen Medien erzielen, schnell überschätzt. Eine Langzeitstudie der Uni Mainz, an welcher der Autor beteiligt ist, zeigt: In Deutschland besteht weiterhin ein relativ stabiles Vertrauensfundament (vgl. Schultz u. a. 2020). Vor allem der öffentlich-rechtliche Rundfunk und die (Regional-)Zeitungen stellen für viele zuverlässige Quellen dar, auch wenn die Menschen nicht immer alles gut und richtig finden, was und wie berichtet wird. Etwa zwei Drittel der Bürgerinnen und Bürger hält diese Medien alles in allem für vertrauenswürdig.

Etwa jeder fünfte Bürger wirft den etablierten Medien vor, die Bevölkerung systematisch zu belügen. Das ist eine Minderheit, aber eine doch so große Gruppe, dass sie sich lautstark bemerkbar machen kann. In den vergangenen Jahren ist die Polarisierung vorangeschritten. Während die einen pauschal über die Medien schimpfen, sehen sich die anderen genötigt, sich schützend vor den Journalismus zu stellen und ihn gegen »Lügenpresse«-Vorwürfe zu verteidigen. Diese Konstellation einer Lagerbildung kann es schwieriger machen, berechtigte, differenzierte Medienkritik zu üben.

Die steigende Nachfrage in Krisenzeiten ist für die etablierten Medien eine Chance, sich als seriöse Quellen zu bewähren. Daten aus der ersten Phase der Pandemie zeigen, dass die Vertrauenswerte bei diesem Thema zunächst höher waren als üblich (vgl. Viehmann u. a. 2020). Je stärker sich Konflikte und Widersprüche entwickelten, desto eher konnte das Vertrauen abbröckeln. Das erscheint unproblematisch, solange Zweifel und Kritik nicht in pauschale und überzogene Ablehnung und in eine verschwörungsideologische Richtung abdriften.

Nicht nur Ärztinnen und Pfleger, Kassierer und Erzieherinnen sind »systemrelevant«, wie es zu Beginn der Pandemie hieß. Auch guter, auf Qualität und Sorgfalt achtender Journalismus ist systemrelevant. Ohne ihn ist eine Demokratie schwer vorstellbar. Nicht gemeint mit Systemrelevanz ist das, was Extremisten unterstellen, wenn sie das böse Wort der »Systemmedien« benutzen. Damit wollen sie behaupten, die Medien seien nur ein Instrument der Regierung und angeblich finsterer Mächte.

So notwendig es ist, Defizite und Mängel in der Berichterstattung zu thematisieren und die Frames der Medien zu hinterfragen, so unsachgemäß sind ideologisch geprägte Pauschalvorwürfe. Wer wollte, konnte in den Zeitungen und Sendungen der klassischen Medien differenzierte und gut recherchierte Informationen zur Pandemie und ihren Auswirkungen finden. Wie diskutiert kann es sein, dass Journalisten in der ersten Phase der Krise zu wenig nachgehakt haben. Fairerweise muss man sagen, dass sie wie andere zunächst damit beschäftigt waren, die Situation zu erfassen.

In der Krise ist deutlich geworden, wie wertvoll gut qualifizierte Redakteurinnen und Redakteure sind, die über die Fähigkeiten verfügen, komplizierte Studien zu verstehen, zu hinterfragen und dem Publikum zu erklären. Der Sparkurs, der in den Redaktionen die Spielräume enger macht, ist daher fatal. Denn im Journalismus braucht es nicht weniger, sondern mehr Ressourcen, um sich einen anspruchsvollen Daten- und Wissenschaftsjournalismus leisten zu können. Journalisten benötigen Zeit und Mittel für Recherchen – und einen langen Atem, um beharrlich auch solchen Themen nachgehen zu können, die gerade nicht oben auf der öffentlichen Agenda stehen.

Bereits im Jahr 2017 hat das amerikanische Time Magazine die Gefahren einer Pandemie in einer Titelgeschichte beschrieben und auf dem Heftcover eindringlich auf dieses Thema aufmerksam gemacht (vgl. Abb. 10). Gebracht hat die hellsichtige Warnung wenig. Auch damals dürften viele Menschen eine Abwehrhaltung eingenommen haben, weil die Medien schon zu oft und zu schrill Alarm geschlagen hatten. Daraus sollte der Journalismus die richtigen Schlüsse ziehen: Er darf die Menschen nicht von einem Hype zum nächsten hetzen. Er muss Probleme eindringlich darstellen, darf sie aber nicht künstlich aufblasen. Er muss lernen, noch besser auszuwählen, was mehr und was weniger Aufmerksamkeit verdient.

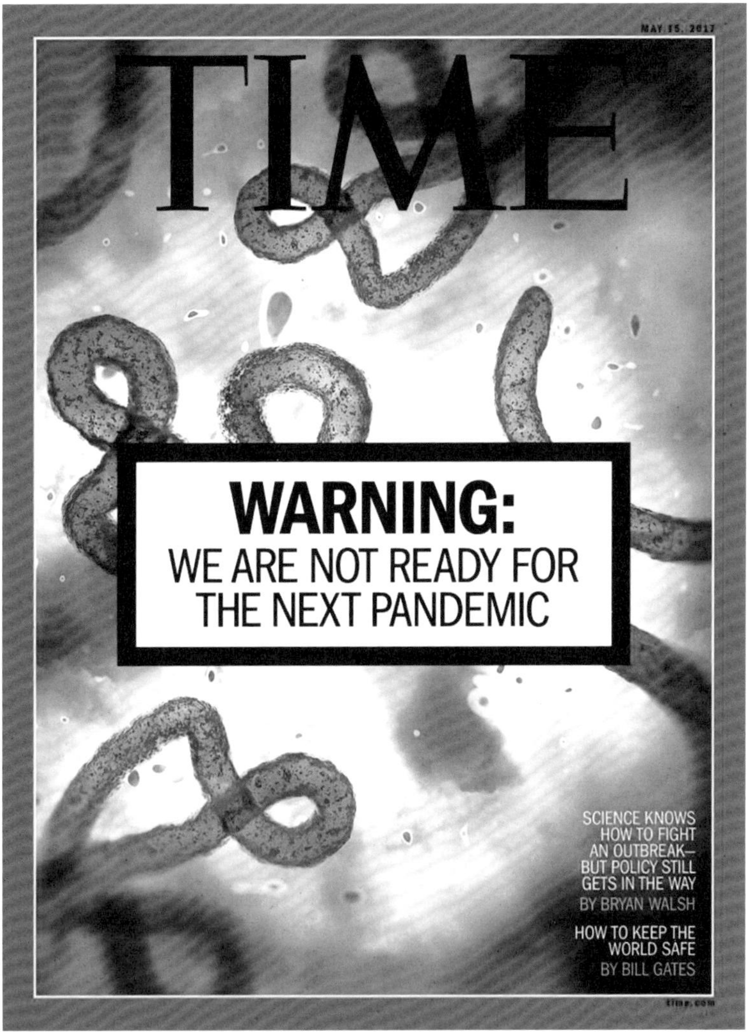

Abb. 10: Cover Time Magazin 2017.

Literatur

Betsch, Cornelia u. a. 2020: COVID-19 Snapshot Monitoring (COSMO); https://projekte.uni-erfurt.de/cosmo2020/cosmo-analysis.html [zuletzt abgerufen: 14.07.20].

Bewarder, Manuel u. a. 2020: Die verlorenen Wochen. *Welt am Sonntag,* 17.05.20, S. 15.

Dayan, Daniel/Katz, Elihu 1994: Media Events. The Live Broadcasting of History. Cambridge: Harvard University Press.

Döpfner, Mathias 2020: Ich habe Zweifel. In: Die Welt, 24.3., S. 1.

Jackob, Nikolaus 2018: Der Fall Wulff. In: ders., Die Mediengesellschaft und ihre Opfer. Berlin: Peter Lang, S. 125–156.

Kuhlmann, Christoph u. a. 2014: »Ich will davon nichts mehr sehen und hören!« Exploration des Phänomens Themenverdrossenheit. Medien- und Kommunikationswissenschaft, 62 (1), S. 5–24.

Matthes, Jörg 2014: Framing. Baden-Baden: Nomos.

Quandt, Thorsten u. a. 2020: Pandemic News: Facebook Pages of Mainstream News Media and the Coronavirus Crisis – A Computational Content Analysis. Münster Online Research (MOR) Working Paper, 2; https://arxiv.org/abs/2005.13290 [zuletzt abgerufen: 24.06.20].

Rees, Jonas u. a. 2020: Erste Ergebnisse einer Online-Umfrage zur gesellschaftlichen Wahrnehmung des Umgangs mit der Corona-Pandemie in Deutschland. Bielefeld: Institut für interdisziplinäre Konflikt- und Gewaltforschung.

Ruß-Mohl, Stephan 2020: Corona in der Medienberichterstattung und in der Medienforschung. Ein Dossier, 14.04.20, European Journalism Observatory, https://de.ejo-online.eu/wp-content/uploads/Corona-in-der-Medienberichterstattung-und-Medienforschung.pdf [zuletzt abgerufen: 11.07.20].

Schultz, Tanjev (Hrsg.) 2020a: Was darf man sagen? Meinungsfreiheit im Zeitalter des Populismus. Stuttgart: Kohlhammer.

Schultz, Tanjev 2020b: Wahrheit und Zweifel: Zur Zukunft des Wissenschaftsjournalismus. In: Ordnung der Wissenschaft, 2, S. 95–100. http://ordnungderwissenschaft.de/wp-content/uploads/2020/03/04_Schultz.pdf [zuletzt abgerufen: 24.06.20].

Schultz, Tanjev u. a. 2020: Medienzynismus weiterhin verbreitet. Media Perspektiven 6, S. 322–330.

Simon, Felix 2019: What The Media Can Learn From London's Speaker's Corner. Medium.com, 1.2.; https://medium.com/viewpoints/what-the-mediacan-learn-from-londons-speaker-s-corner-b85d354bd03f [zuletzt abgerufen: 11.07.20].

Viehmann, Christina u. a. (2020): Deutschland in Zeiten der Coronakrise: Gut informiert und mit gestärktem Gemeinschaftsgefühl in eine unsichere Zukunft? Mitteilung der Johannes Gutenberg-Universität Mainz, 1.4.; https://www.uni-mainz.de/presse/aktuell/11144_DEU_HTML.php [zuletzt abgerufen: 11.07.20].

Konsequenzen und Perspektiven aus der Corona-Krise

Stefan Iskan

Der Anspruch des vorliegenden Buches war es, die gegenwärtige Corona-Pandemie aus verschiedenen Disziplinen heraus zu beleuchten. Nach einer Reihe von dezidierten Expertenbeiträgen sollen zum Abschluss des Buches nicht nur die wichtigsten Aussagen noch einmal zusammengeführt, sondern vor allen Dingen nun auch Folgerungen hieraus für die anstehende Zeit abgeleitet werden. Freilich stellen die Beiträge hier keine in sich geschlossene Studie dar. Das war auch nicht das erklärte Ziel. Ziel war es vielmehr in kurzer Zeit und damit noch zu einem möglichst frühen

Zeitpunkt der Corona-Pandemie Experten zusammenzuführen, die aus einer breiten Perspektive heraus erste Implikationen für die Zukunft treffen. Losgelöst von jeglicher methodischer Fragestellung sind die nachfolgenden Ableitungen daher eher als vorläufige Hypothesen bzw. Einschätzungen zu betrachten, die im weiteren Verlauf der Corona-Pandemie in den verschiedenen Disziplinen weiter aufgegriffen, vertieft und auch intensiv diskutiert werden können. Für einen breiten Leserkreis sollen die Implikationen jedoch durchaus einen konkreten Handlungsrahmen inmitten der Corona-Krise bieten und damit Orientierung für die anstehende Zeit der Unsicherheit stiften.

Aus den bisherigen Beiträgen dürfte deutlich geworden sein: Die Corona-Krise weist vielschichtige Facetten mit kurzfristigen und nachhaltigen Konsequenzen auf. Sie vollzieht sich in einer Dynamik, mit welcher viele Menschen weltweit nur noch schwer mitkommen dürften. Das Einnehmen von Widerstandshaltung ist dabei nur eine Form von Verhaltensmustern, die in jeglichen Veränderungsprozessen immerzu zu Beginn solcher Phasen erkennbar werden (vgl. Klaus 2015, S. 21ff. und Iskan; Staudt 2015, S. 3ff.). Und dennoch können die Menschen der Corona-Pandemie mit ihren verschiedenen, systemischen Folgewirkungen auch mit einer gewissen Zuversicht entgegengehen. Denn diese Pandemie stellt – wie es David Engels Eingangs des Buches ausführt – aus der Perspektive der historischen Komparatistik keine wirkliche Ausnahme in der Weltgeschichte dar. In Fragen des Verlaufs, eingeschlagener Maßnahmen und auch etwaiger Konsequenzen scheint die Weltgemeinschaft also keineswegs Neuland zu betreten.

Wenngleich viele Themenbereiche geradezu nur noch von der der Corona-Pandemie überlagert werden, so sind wir dennoch gut beraten, auch einmal einen Schritt zurück zu machen. Einen Schritt zurück, um jenseits der tagesaktuellen Nachrichten und damit in den Wirren der »Mikro-«Berichterstattung, den Blick für das »Große Ganze« nicht zu verlieren. Und genau dieser Blick aus einer Art Helikopter-Perspektive heraus ist gerade jetzt in dieser Zeit gefragt. Weshalb? Weil sich erst hierdurch die großen Entwicklungslinien und ihr mögliches Zusammenspiel erkennen lassen. Entwicklungslinien, die auch über die Corona-Pandemie hinaus wirken werden. Oder noch deutlicher formuliert: die großen (geo-)strategischen Themenblöcke der Zukunft unterscheiden sich nicht wesentlich von denen der »Vor-Corona-Zeit« und erfahren durch die Corona-Krise gar noch eine Beschleunigung. Im Positiven wie im Negativen. Die großen Fragestellungen sind eben nicht, ob wir zukünftig weniger mit Dienstfahrzeugen reisen oder etwa weniger ins Fitnessstudio gehen, weil wir uns zu Hause mit Privatsauna und Sportgeräten ausstatten. Was sind dann die »ganz großen Themen«?

USA versus China: der Kampf um die technologische Vorherrschaft

Zu den ganz großen Themen mit geo-strategischer Reichweite dürfte neben dem BREXIT unbestritten der anhaltende Handelskrieg zwischen den USA und China zählen. Doch Handelskrieg scheint für diese Form der Auseinandersetzung nicht immer der passende Begriff zu sein. Denn dieser Konflikt ist in erster Linie auch ein Kampf um die technologische Vorherrschaft. Ein Kampf, der nicht nur die Grundausstattung des Welthandels und der Digitalisierung umfasst – sei es den physischen Zugang zur logistischen Infrastruktur oder der Hardware-IT-Infrastruktur –, sondern bis in die Monopol-ähnliche Stellung von Suchmaschinen und Social Media Apps hineinreicht. Der »Überwachungskapitalismus« US-amerikanischer und chinesischer Tech-Unternehmen, wie es die vormalige Harvard-Professorin Shoshana Zuboff (2019) formulierte, wird damit zur Staatsangelegenheit auf einem globalen Spielfeld.

Und die Wahrscheinlichkeit, dass der »schlafende Riese Europa« in diesem Konflikt der beiden »Supermächte« als Verlierer vom

Spielfeld geht, ist relativ hoch. Wenngleich nämlich die Berichterstattung über den Handelskrieg derzeit zurückgefahren ist und man durchaus auch von offiziellen Stellen das ein oder andere diplomatische Wort hören kann, stufen Politikvertreter deutscher Industrie-Konzerne diesen Handelskrieg als den größten nachhaltigen Risikofaktor für die europäische und deutsche Industrie ein. Einen Risikofaktor, der nicht nur in Fragen etwaiger Handelsbarrieren, sondern gerade auch in technologischer Dimension, nachhaltig über die Corona-Pandemie hinaus wirken dürfte. Denn in technologischer Hinsicht hat Europa ohnehin schon längst Tempo und Richtung der Entwicklungen den USA, China und Südostasien überlassen (vgl. Lee 2019; Sieren 2018).

Chinas Neue Seidenstraße: Geostrategie par excellence

Europa dürfte aber auch deswegen als Verlierer vom Spielfeld gehen, weil es – anders als China – selten eine systematische und langfristig ausgerichtete Perspektive einzunehmen scheint. Hinzu kommt, dass Europa in groß angelegten Strategie-Fragen nicht immer mit einer Stimme spricht. Vielmehr noch: es wirkt fast so, als würde es allenfalls fallbezogen Punkte geben, die über die nationalen Interessen hinweg zusammenhaltend wirken. Von daher verwundert es auch nicht, dass Europa Chinas Neue Seidenstraße Initiative nahezu verschlafen hat (»One Belt One Road Initiative«). Anders sieht es freilich auf unternehmerischer Ebene. Unternehmen, wie etwa der Duisburger Hafen und DB Schenker, waren hier frühzeitig engagiert.

Dabei ist das Neue Seidenstraßen-Projekt eine Initiative von herausragender geostrategischer Tragweite. Das Ziel besteht darin, ein interkontinentales Infrastruktur-Netzwerk zwischen Europa, Afrika, Asien und China aufzubauen. Die Reichweite dieser Initiative Chinas unterstreichen folgende Zahlen: Die Neue Seidenstraße umspannt über 60 Staaten, deckt 30 % des Welthandels und globalen Bruttoinlandsproduktes ab. Auf ihr lebt damit rund 60 % der Weltbevölkerung – darunter in Eurasien viele Turkvölker. Letzteres ist ein Grund, weshalb China und auch Hong Kong ihren Geschäftsleuten heute verstärkt empfehlen, Türkisch und Turksprachen zu lernen. Angesichts auch der infrastrukturellen Dimension dieser Initiative ist in diesem Zusammenhang oftmals auch von »Marshall Plan 2.0« die Rede.

Staaten in einer exponierten geostrategischen Lage, wie etwa die Türkei, stehen daher – auch unter Berücksichtigung künftiger Energie-Transportwege – unter »Dauerstress« verschiedener politischer Kräfte. Deutsche Unternehmen, wie etwa Fraport, hatten sich früh aus dem Bieterverfahren um den neuen »Megaflughafen« in Istanbul verabschiedet. Zu komplex ist die Dimension. So verwundert es in diesem Zusammenhang auch nicht, dass dieser Flughafen weniger für den Passagierflugbetrieb errichtet wurde als vielmehr unter den Überlegungen der Neuen Seidenstraße Initiative Chinas. Denn dieser Flughafen hat ein Luftfracht-Einzugsgebiet bis in den Balkan hinein und nach Rumänien und verläuft entlang der Seidenstraße auf dem Landweg. Und genau dieser Landweg ist es, der jetzt in der Corona-Krise einen regelrechten »Anfrage-Run« erfahren hat- auch aus Deutschland heraus (vgl. Brzezinski 2019; Iskan 2013; Iskan 2016, S. 2; Iskan 2017; Iskan in Nallinger 2017; Hartmann u. a. 2018; Mayer 2018; Pavlicevic 2019; Siddi 2017; Yang 2019; Yu 2018).

Deglobalisierung: die Rolle von Industrie 4.0

Die obigen Ausführungen zeigen also, dass von einem Ende der Globalisierung nicht die Rede sein kann. Ohnehin sind die Debatten von Globalisierungsgegnern recht dogmatisch geführt. Ihr Ziel,

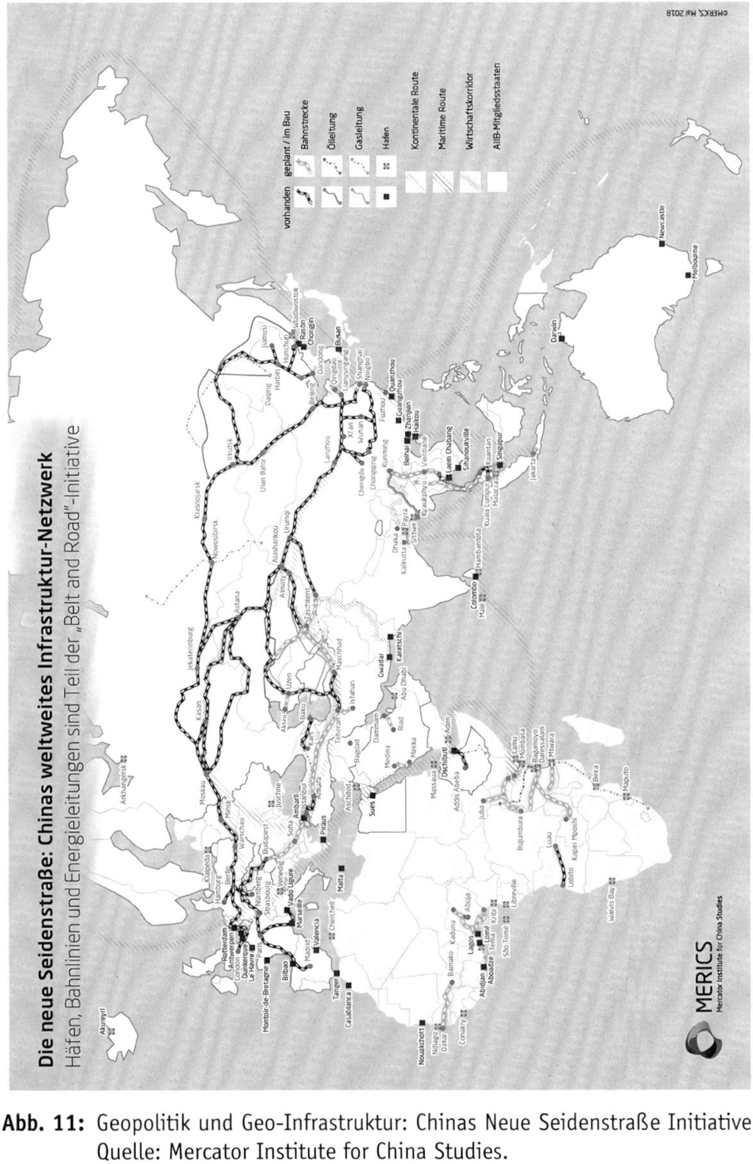

Abb. 11: Geopolitik und Geo-Infrastruktur: Chinas Neue Seidenstraße Initiative. Quelle: Mercator Institute for China Studies.

nämlich zu einer Deglobalisierung zu gelangen, mag dennoch erreicht werden – wenn auch nur punktuell. Und diese Deglobalisierung muss nur in einen anderen Rahmen gesetzt werden. Nämlich in den Kontext einer Industrie 4.0 Welt. Denn das bedeutet, dass die Produktion in Regionen mit Hochlohnstandorten wieder attraktiver für Unternehmen werden könnte. Wenn also das Lohnniveau und Ressourcen-Verfügbarkeit in Form von Arbeitskräften als Wettbewerbsfaktoren nicht mehr so deutlich ins Gewicht fallen, dann dürfte dies in letzter Konsequenz so manches Schwellenland und damit die Emerging Markets vor enorme Herausforderungen stellen. Eine Rückverlagerung ausgewählter Fertigungsbereiche raus aus dem globalen Produktionsverbund und hinein in eine eher regionale und lokale Struktur von Industrienationen könnte die Folge sein. Mit Blick auf Europa dürften aus strategischen Überlegungen heraus dann eher Märkte wie Polen und die Türkei mögliche Gewinner dieser Entwicklung sein. Komplexe Produktionsumfänge werden schon heute nicht in die Niedriglohnmärkte Rumänien oder Bulgarien vergeben. Tschechien, Ungarn und Slowakei haben in der Zeit vor der Corona-Krise ihre Arbeitskräfte bereits aus dem Ausland in Bussen »anfahren« lassen – nur um den Bedarf, zum Beispiel in der Automobilindustrie, zu decken.

Industrienationen, Emerging Markets wie auch Schwellenländer müssen also jetzt ihre Industriepolitik und technologische »Aufrüstung« überdenken. Und die Frage, wie die Emerging Markets und Schwellenländer von den möglichen positiven Effekten einer Industrie 4.0 Welt profitieren können, ist für die Weltgemeinschaft von nicht unerheblicher Frage. Die Corona-Pandemie und die sich hieraus ergebenden ökonomischen Konsequenzen werden zu gesellschaftlichen Verwerfungen auf globaler Ebene führen. Und auch die Folgen, die mit einer zu Ende gedachten Industrie 4.0 Welt einhergehen, haben zusätzlich das Potenzial, soziale Spannungen und Verteilungskämpfe weiter zu befeuern und damit nicht nur die lokale gesellschaftliche Stabilität zu untergraben, sondern auch die globale Stabilität im Ganzen zu gefährden (vgl. auch Schwab 2016, S. 71ff.)

Insgesamt dürften wir also eine Deglobalisierung mit unterschiedlichen regionalen Mustern erleben. Lieferketten werden in der unternehmerischen Praxis zukünftig in einer Kombination aus globalen und regionalen Strukturen gefahren. Auch wird die Corona-Krise nicht zu einem Ende einer »Just-in-Time« Logistik führen. Weshalb auch? War es denn das Konzept des Just-in-Time, das zum Abriss der Lieferketten vor dem globalen Lockdown geführt hatte? Nein. Im Gegensatz zu vielen Falschberichten wird nämlich im Just-in-Time Konzept mit Pufferlagern gearbeitet – in der Automobilindustrie zum Teil sogar in der doppelten Länge der Wiederbeschaffungszeit (vgl. Iskan 2009, S. 29f.).

Arbeitsplatz-Substitution: die Rolle der Digitalisierung

Im Zusammenhang mit der Digitalisierung wird auch die zukünftige Arbeitswelt nicht gänzlich ohne den Faktor »Mensch« auskommen. Ausgestaltungsformen und auch das angesprochene Konfliktpotenzial sind in der unternehmerischen Praxis jedoch nicht zu unterschätzen. Festzuhalten ist, dass nicht alles, was technisch möglich ist, auch überall realisiert werden muss. Es gibt noch immer gute Gründe, in den betrieblichen Abläufen manche Arbeitsabläufe so zu belassen, wie sie heute sind. Und wie aufgezeigt wurde, ist der Grad und die Geschwindigkeit, in der sich die Digitalisierung in den einzelnen Branchen, Unternehmen und Behörden vollziehen, durchaus sehr unterschiedlich. Hört man der unternehmerischen Praxis genau zu, dann wird allein aufgrund der Digitalisierung für mindestens 20 %der sozialversicherungspflichtig Beschäftigten am Standort Deutschland eine »Bedrohungslage« bis 2030 beschrieben (vgl. auch Kunzmann 2019, S. 289 und weitergehend allein für Baden-Württemberg Hafenrichter u. a. 2016, S. 17ff.). Und diese Prozentzahl ist realistisch und noch das Minimum des Möglichen in der Praxis!

Digitalisierung bzw. Industrie 4.0 bedeuten zu Ende gedacht: konsequentes Insourcing. Oder was sonst ist etwa unter Prozessintegration und der Investitions-intensiven Verzahnung von Produktion und Logistik zu verstehen? Kurzfristig werden jetzt in der Corona-Krise am Standort Deutschland noch ein letztes Mal die »teuren IG-Metaller« der Industrie ausgelastet. Und damit lässt sich mit Blick auf die Beschäftigung gerade in Deutschlands Leitindustrie, der Automobilindustrie, die Geschichte wie folgt zu Ende erzählen: Die deutschen Fabriken sind überaltert. Unbefristete Neueinstellungen waren ohnehin aufgrund der Kostenstrukturen am Hochlohnstandort Deutschland Mangelware. Die heutige Belegschaft wird im produktionellen Umfeld über teil-automatisierte Prozesse und Wearables zur Ergonomie-Unterstützung sozialverträglich bis 2030 in den Ruhestand hinaus begleitet. Dann laufen nämlich die großen Beschäftigungspakte aus. Und technologisch wird man in weniger als einer Dekade in Deutschland hochgerüstet sein. Heute schon liegen die fertig ausgearbeiteten Fabrikkonzepte in den Schubladen der Verantwortlichen, in deren Mittelpunkt für Hochlohnstandorte die Ausgestaltung teil- bzw. vollautomatisierter, menschen- und damit »kontaktarme« Fabrik-, Transport- und Logistiklayouts stehen. Die Praxis zeigt, dass heute in vielen Unternehmen und deren Fabriken der Altersdurchschnitt bei 43–47 Jahren liegt. In den kommenden zehn Jahren dürfte der Industriestandort Deutschland so weit sein. Dann erhalten diese Menschen für den Vorruhestand ihren »Goldenen Handschlag« mit 150.000 EUR Abfindung, die insbesondere in der Automobilindustrie schon bei deren Einstellung für sie zur Seite gelegt wurden.Damit ist das Thema maximal sozialverträglich gelöst. Zumindest dürften es sich so viele Personalverantwortliche in den großen Industrien vorstellen (vgl. auch Iskan 2020, S. 13)

Mit Blick auf die Gesamtbeschäftigung dürfte – jetzt folglich bedingt durch die Corona-Krise – vorzeitig ab Herbst/Winter 2020 der »Fachkräftemangel« beendet sein. Damit dürften Branchen, wie zum Beispiel der Öffentliche Personenverkehr, wieder einen Zulauf von Bewerbern erfahren. Von Bewerbern, die möglicherweise diese wie auch andere Branchen zuletzt gemieden hatten.

Gespräche mit Führungskräften zeigen, dass man sich auf genau diese Bewerbersituation seit Beginn der Lockdown-Phase bereits eingestellt hat. Und mit Hilfe von Gamification-Ansätzen (Augmented Reality etc.) werden diese Menschen auch rasch in die erforderlichen Arbeitsprozesse und Qualitätsniveaus »gecoacht«. Bachelor-Studierende, die bis vor kurzem noch regelrecht vom Markt absorbiert wurden, dürften spätestens zum Sommersemester 2021 dafür sorgen, dass viele Master-Studiengänge mehr als unter Volllast laufen werden.

Das Coronavirus führt letztlich nicht nur zu einer globalen Gesundheitskrise, sondern hat auch gravierende Folgen für die Wirtschaft und Beschäftigung über sämtliche Branchen hinweg. Festzuhalten ist, dass die Menschen in Deutschland ohnehin durch die Digitalisierung und Automatisierung sowie einem bewussten gewollten Systemwechsel in einzelnen Branchen mit einem schweren Strukturwandel konfrontiert wurden. Die bis Sommer 2018 gehaltene Hochkonjunktur-Phase hatte nur bei vielen Führungskräften und Arbeitnehmern womöglich über einen Umstand hinweggetäuscht: Dass sie zum Teil in Branchen und Funktionen beschäftigt sind, denen in ihrer heutigen Form nicht mehr die Zukunft gehört.

Gewinner und Verlierer: die Branchen der Zukunft

Kommen wir also kurz zu den Branchen der Zukunft zu sprechen. Beginnen wir jedoch zunächst mit den Verlierern. Zu den langfristigen Verlierern der Corona-Krise – und damit auch der Digitalisierung – dürften neben dem stationären Einzelhandel, der Automobilindustrie, der Management Beratung, der klassischen Buchverlage und Print-Medien und Passagier-Airlines vor allen Dingen auch die Mitarbeiter im Banken- und Versicherungssektor zählen. Und das sind nur einige Branchen und keine Funktionen. Zu den Funktionen sei noch einmal auf den Prozentsatz der Arbeitsplatz-Substitution weiter oben verwiesen. Mit Blick auf die Corona-Krise selbst ist der Bankensektor derzeit nicht direkt getroffen. Doch insbesondere auch in Europa wirken die Folgen der Finanzkrise aus 2008/2009 noch nach. Insgesamt betrachtet steht der Bankensektor also nicht im Blickpunkt der Corona-Krise und das letzte was die Regierungen jetzt noch gebrauchen können, das wäre eine Bankenkrise. Und zu der könnte es kommen, wenn der Bankensektor durch drohende Kreditausfälle infolge der Corona-Krise unter Druck geraten würde. Denken wir allein an womöglich bevorstehende Kreditausfälle in Italien oder auch Spanien. Dann würde es wie auch 2008/2009 nicht nur um Liquidität, sondern auch um einen Stellenabbau gehen. Und dieser ist im Banken- und Versicherungsbereich ohnehin schon seit längerem im Gange. Denn bei deren Prozessen handelt es sich – ähnlich wie beim Franchising einer Fast Food Kette – um stark standardisierte und von Routinetätigkeiten geprägte Abläufe (vgl. Iskan 2011, S. 3).

Unbestritten sein dürfte, dass hierzu neben der Lehre und Pflege mit großer Sicherheit auch das Feld der Informationstechnologie gehört. Und zwar sowohl im Bereich von Software und Datenverarbeitung als auch auf Seiten der erforderlichen Hardware-Infrastruktur. Letztere ist, wie wir in diesem Buch an anderer Stelle schon gezeigt haben, eine zwingende Voraussetzung. Relevant ist zum Beispiel der Bereich der Künstlichen Intelligenz. Hier treiben die USA und China wieder die Entwicklung an. Nicht zu vergessen aber auch die Online-Entertainment-Bereiche, wie etwa Streaming und Gaming. Gewinner werden aber auch Branchen sein, die bereits heute von großer Bedeutung sind: die Medizintechnik und Pharmaindustrie. Dazu kommt der stark wachsende Online Handel mit seiner eng integrierten Logistik und auch die Chemiebranche, wenngleich letztere inzwischen nach einem letzten Produktionshoch von Desinfektionsmitteln und Plexiglasbestandteilen nunmehr genauso von der Corona-Krise betroffen ist. Hinzu kommt im Zeitalter des strategisch bewusst gewollten »Green Deals« der Bereich der Umwelttechnologie hinzu.

USA, Europa und China: der Wettlauf um die »digitale Währungsmacht«

Der technologische Fortschritt macht sich aber auch an anderer Stelle bemerkbar: beim Bargeld. Im Bereich des Online Bankings und in Kombination mit einer Abschaffung des Bargelds kann der Phantasie voll-automatisierter, transparenter Zahlungsströme, Buchungen und auch Abrechnungen freien Lauf gelassen werden. Oder wird wirklich naiv angenommen, dass Regierungen das Spielfeld des digitalen Bargelds irgendwelchen privaten digitalen Währungsprojekten überlassen werden? Frankreich hat erste Tests des E-Euros abgeschlossen – einem Prestigeprojekt von internationaler Tragweite (vgl. BTC Echo online 2020a; 2020b). Und während in Europa noch diskutiert wird, weitet China die Testphase der digitalen chinesischen Staatswährung aus. Denn auch eine digitale Währung stellt – ergänzend zur Neuen Seidenstraße Initiative – einen weiteren Baustein für das infrastrukturelle Wachstums Chinas dar. Und so dürfte es nur wenig verwundern, wenn die USA etwa über ein Verbot der Video-Sharing App TikTok des chinesischen Konzern ByteDance nachdenken. ByteDance ist einer der weltweit am schnellsten wachsenden Konzerne und ihre App TikTok soll ähnlich wie DiDi, das chinesische Gegenstück zum Fahrdienstvermittler UBER, vor einer Integration in die digitale Staatswährung stehen. Damit dürfte der vordergründig als reiner »Handelskrieg« titulierte Konflikt zwischen den USA und China in ein anderes Bild gerückt werden. Der Kampf um die technologische Vorherrschaft mündet zeitgleich in einem Kampf um die Vorherrschaft einer globalen digitalen Währung (vgl. BTC Echo online 2020b). In Zeiten von Corona. Ganz nebenbei und fernab der großen Öffentlichkeitswahrnehmung.

Verstetigter Trend weltweit: Haushaltsdefizite und Verzahnung mit der Wirtschaft

Kommen wir nun zu einem anderen wichtigen Finanzfeld. Wir kommen bereits aus einer Phase, in welcher hohe Haushaltsdefizite in den USA, Industriestaaten sowie Emerging Markets und den Schwellenländern zu beobachten waren. Auf globaler Ebene bestand bereits vor der Corona-Krise ein schwindelerregender Refinanzierungsbedarf. In Anbetracht der eingeleiteten Maßnahmen ist daher davon auszugehen, dass wir mit deutlich höheren Schulden aus der Corona-Krise herausfahren werden als wir ohnehin schon reingefahren sind. Und das weltweit. Ein Anstieg der Staatsverschuldung, der Verbindlichkeiten der Unternehmen, aber auch der Verschuldung privater Haushalte dürfte auf globaler Ebene zu erwarten sein. Und genau diese steigende Staatsverschuldung dürfte gerade in den Emerging Markets und Schwellenländern zu einem Risiko von Zahlungsausfällen und Staatsbankrott führen. Zu erwarten ist – und das trotz der gegenwärtigen Konjunkturdaten –, dass die Emerging Markets und Schwellenländer nachhaltig unter den Auswirkungen dieser Corona-Krise leiden werden. Nachhaltig deshalb, weil sie im weiteren Verlauf auch noch die im vorherigen angesprochenen Folgen der mit einer Industrie 4.0 einhergehenden punktuellen Deglobalisierung zu spüren bekommen dürften.

Neben steigenden Haushaltsdefiziten ist aber auch noch eine weitere Entwicklung auf Staatsebene von Bedeutung: der Staatseinfluss auf die Ausrichtung der Wirtschaft und ihre Unternehmen. Es ist daher in Anbetracht der wirtschaftlichen Gesamtsituation systemrelevanter Unternehmen in der Corona-Krise zu erwarten, dass die Wirtschaft weltweit eine noch stärkere Verquickung mit der öffentlichen Hand zu sehen bekommen wird. Spürbar wird das etwa an den Diskussionen zu etwaigen Staatsbeteiligungen.

Büro-Immobilien: dauerhafte Manifestierung der Homeoffice-Struktur

Auch der Markt für Büroimmobilien dürfte angesichts der Corona-Krise und der seither losgetretenen Homeoffice-Offensive von Unternehmen und Behörden vor großen Herausforderungen stehen. Erste Unternehmen, wie etwa Amazon, Microsoft, Facebook, Twitter oder auch Morgan Stanley haben bereits angekündigt, Homeoffice auch über die Corona-Pandemie hinaus dauerhaft in ihren Unternehmensstrukturen zu verstetigen. Gespräche mit Unternehmenslenkern zeigen aber auch, dass schon seit Jahren an technologischen Möglichkeiten gearbeitet wird, um verschiedene Funktionen in den Betriebe durchgehend zu automatisieren. Die Zielsetzung: Steigerung des Umsatzes bei gleichbleibender oder am besten halbierter Anzahl kaufmännischer Mitarbeiter. Daher werden in vielen Prozess-Effizienz-getriebenen Unternehmen seit mehreren Jahren schon Investitionen in neue Büroflächen zurückgehalten. Wohlwissend, dass man zukünftig eher weniger Fläche benötigt als mehr. Was also die Frage nach Büroimmobilien anbelangt, so hat die Corona-Krise daher auch diese Entwicklung noch einmal zeitlich vorgezogen.

Und dennoch steht auch die gegenteilige Meinung im Raum: Dass künftig nicht weniger, sondern gar mehr Bürofläche benötigt wird. Das wird damit begründet, dass Arbeitgeber sich etwa die Frage stellen müssen, wie sie Personenflüsse in Stoßzeiten oder Schichten steuern oder Maßnahmen des Social Distancings sicherstellen wollen. Dieses Argument soll hier nur der Vollständigkeit halber angeführt werden. Ein langfristiger Trend entgegen des Homeoffice wird hier nicht gesehen. Vielmehr dürfte die kaufmännische Belegschaft in der Praxis selbst mehr Spielraum zwischen Homeoffice-Möglichkeit und Präsenz-Büro erfahren. Und das ganze nun auch in einem juristisch eindeutig definierten Raum durch den Gesetzgeber (vgl. auch Fonds Professional online 2020).

Spreizung in der Gesellschaft: Inflationierung »gefragter Assets«

Erinnern wir uns zum Abschluss des Buches noch einmal kurz zurück: Am 22. März 2020 sagte Bundeskanzlerin Angela Merkel anlässlich der Besprechung mit den Regierungscheffinnen und Regierungschefs der Länder zum Coronavirus:

> »Bitte ziehen Sie alle mit. Tun Sie jetzt das, was richtig ist für unser Land.«

Diesem Satz dürften inzwischen viele Menschen in Deutschland gespalten gegenüberstehen. Wir wollen die Pandemie-Maßnahmen und die Folgen hieraus auch noch einmal von einer anderen Perspektive beleuchten. Wir haben heute auf der einen Seite die Vermögenden. Vermögende, die über Aktien, Unternehmensbeteiligungen oder Immobilien verfügen. Anders als oftmals dargestellt wird, dürfte zu den Gewinnern der Corona-Krise durchaus auch der Immobilienmarkt gehören. Und zwar Immobilien in Metropolregionen mit sehr guter Makro- und Mikrolage. Die Zinskonditionen sind am Boden, sodass noch günstigere Darlehenskonditionen in Zukunft kaum mehr darstellbar sein dürften. In Anbetracht einer erwarteten Inflation und einer Entwertung des Geldes werden damit auch diese Schulden weniger wert sein. Ein Blick in den Immobilienmarkt selbst zeigt, dass gegenwärtig Vermögende mit »Bargeldkoffern« durch die Straßen ziehen, um die letzten Objekte in sehr guter Qualität und Lage aufzukaufen. Ein relativ hoher Geldmengenbestand trifft derzeit und in Zukunft auf ein überschaubares Immobilienangebot. Denn in Zeiten von Homeoffice, das in den Unternehmen gut funktioniert, sieht die »Digitalisierungs-Welt« in den Behörden dann doch noch etwas anders aus. Die Folge sind verzögerte Bearbeitungs- und Genehmigungsprozesse in den Bauämtern.

Diese Inflationserwartung ist es, die einigen Darlehensnehmern einen Teil ihrer »Schulden« nehmen könnte. Doch Stand Juli 2020 liegt die Inflationsrate in Deutschland bei 0,9 %(vgl Statista online 2020). Das ist also noch nicht die erwartete Inflation. Und Experten streiten intensiv darüber, ob diese so überhaupt zum Tragen kommen wird. Angesichts der Geldmengenvermehrung dürfte dies jedoch nur eine Frage der Zeit sein. Die Frage ist nur, ob sich diese inflationäre Entwicklung dann auch direkt in der Gesamtwirtschaft niederschlägt. Mit Blick auf die Inflations-Debatte muss also Stand Juli 2020 ein differenzierteres Bild gezeichnet werden. Wir erleben einen Anstieg mancher Lebensmittel- und Handwerkerpreise, aber auch schon eine Inflationierung der Asset-Preise, insbesondere von noch verfügbaren Immobilien in sehr guter Mirko- und Makrolage in Metropolregionen. Gute Dinge werden also in der Corona-Krise durchaus noch teurer. Und auf der anderen Seite stehen Menschen, die in Kurzarbeit stehen und von Arbeitslosigkeit bedroht sind. Zwangsläufig kann sich hieraus Unzufriedenheit und Konfliktpotenzial innerhalb einer Gesellschaft ergeben. Ideen, wie etwa Vermögensabgaben oder eine Erhöhung von Grundsteuern oder sonstigen Solidaritätsabgaben dürften daher nicht ganz konfliktfrei diskutiert werden.

Zusammengefasst bedeutet das: Die Corona-Krise führt zu einer weiteren Entwertung der Sparguthaben und der Kaufkraft. Eine Inflationierung der Preise ist bereits jetzt im Immobilien- und Handwerkersektor zu sehen, wie auch anhand einzelner Produkte des täglichen Bedarfs. Hinzu kommen könnte, dass Flugreisen und individuelle Mobilität aufgrund der »Green Deal Politik« inflationierte Preise erleben könnten. Ähnliches ist für einen qualitativ hochwertigen Weiterbildungsbereich zu erwarten. Denn in Zeiten einer sich entwickelnden Industrie 4.0 werden auch die verbliebenen Berufsprofile aufzuqualifizieren sein. Dem informellen Lernen im Alltag kommt angesichts der rasenden Geschwindigkeit eine hohe Bedeutung zu. Ganz im Gegensatz zum formalistisch-geprägten Lernsetting (vgl. hierzu auch Iskan 2011). Die Tabelle am Ende des Fazits fasst abschließend zentrale Aussagen der einzelnen beleuchteten Disziplinen in diesem Buch noch einmal in kompakter Weise zusammen.

Die Corona-Pandemie: eine Chance für jeden einzelnen und die Europäische Union?

Die Welt dreht sich nicht erst seit der Corona-Pandemie sehr schnell: Gesellschaftspolitisch wie auch wirtschaftlich stehen wir vor enormen Herausforderungen. Und das weltweit. Die Corona-Pandemie hat die vielfältigen Veränderungsebenen für viele Menschen in Deutschland zeitgleich spürbar gemacht. Doch hinter dieser Krise vollziehen sich die »ganz großen Themen« mit voller Geschwindigkeit und Härte. Angesichts der skizzierten Veränderungen besteht Grund zur Sorge, dass sich die Menschen in den letzten Jahren in der »Wellness Oase« in den Betrieben, aber auch im Staat, oftmals so »eingetaktet« haben, dass das eigenständige Denken oftmals geradezu ausgeschaltet wurde. Getreu dem Motto: »Die Unternehmensspitze oder der Staat machen das schon für mich!« Es wird also darauf vertraut, dass diejenigen, welche die Firmenleitung und den Staat ausmachen, die Konsequenzen für jeden einzelnen durchdenken. Die Menschen müssen jedoch in Anbetracht der gegenwärtigen Corona-Krise und der folgenden Anpassungslandschaft in Gesellschaft und Berufsleben lernen, wieder verstärkt selbst Verantwortung zu übernehmen und mitzudenken. Und genau dieses Bewusstsein zu schaffen, wird auch Teil der Arbeit in Politik, Wirtschaft und Lehre sein.

Wenngleich unter unglücklichen Umständen so bietet die gegenwärtige Corona-Krise doch für jeden einzelnen auch eine riesen Chance: Eine Chance, über das eigene Leben nachzudenken, wieder an mehr Miteinander und Menschlichkeit zu arbeiten, aber auch um sich in seiner Ausbildung und im Berufsleben zukunftsfähig zu halten. Schon jetzt lassen sich die Anforderungen an die Berufsbilder der Zukunft für jeden einzelnen von uns ableiten.

Auf kollektiver Ebene bleibt Deutschland und der Europäischen Union nur zu wünschen, dass die Corona-Pandemie ebenfalls als Chance aufgegriffen wird. Einer Chance, sich zusammenzuschweißen, die Wachstumsmärkte unmittelbar vor ihrer Haustür wieder stärker für sich zu entdecken und sich wenigstens strategisch klug im Kräftespiel zwischen den USA und China noch hindurch zu manövrieren. Denn in einer Zeit, die nur noch von Technologie und Geschwindigkeit bestimmt wird, ist einmal verlorene Geschwindigkeit und Vorreiterrolle nicht mehr aufzuholen (Iskan; Staudt 2015, S. 10).

Tab. 2: Zusammenfassende Aussagen des Buches.

Corona in Deutschland: Zusammenfassende Aussagen der Beiträge	
Leitfragen	**Antworten**
1. Historisch Gab es in der Geschichte bereits vergleichbare Phänomene? Und was können wir aus historischen Vergleichen lernen?	• Interaktion zwischen Seuche, Wirtschaftskrise und **Staatsinterventionismus** • Verfestigung von **Ausnahmegesetzen** zu dauerhaften Zuständen • Ausgleich wirtschaftlicher Verluste durch weitere **Schuldenaufnahme** • **Vergesellschaftung** der Schulden (Zinsen, Steuern, Inflationierung) • Abwälzung der Krisenbewältigung auf **Mittelschicht** • Sinken des **Vertrauens** in politische Eliten • Steigen der Attraktivität **populistischer** Versprechungen • Polarisierung der Gesellschaften im Inneren • **Enthemmung** der Menschen durch Auslieferung an das Schicksal • Technologischer **Fortschritt** nach Seuchen und Ersetzen fehlender Arbeitskraft
2. Medizinisch Wie schnell bzw. lässt sich das Coronavirus in den Griff kriegen? Was wissen wir und welche Maßnahmen sind sinnvoll?	• Schnelle Beendigung der Pandemie erst durch **Impfstoff** • Gegenwärtig kein versprechender Impfstoff erkennbar • Koordinierung der weltweiten Impfstoffversorgung dann durch **WHO** • Anlegen von **Vorrat** an medizinischer Schutzausrüstung

Tab. 2: Zusammenfassende Aussagen des Buches. – Fortsetzung

Corona in Deutschland: Zusammenfassende Aussagen der Beiträge	
Leitfragen	**Antworten**
	◆ Vorhalten lokaler Produktionskapazitäten für **Schutzausrüstung** ◆ Steigerung der **Resilienz** des Gesundheitswesens ◆ Überdenken **marktwirtschaftlicher** Prinzipien im Gesundheitswesen ◆ **Transparente** Risikokommunikation unter Korrekturen des aktuellen Lagebilds ◆ Solidarische Eindämmungsmaßnahmen innerhalb der **Europäischen Union** ◆ **Kontaktsperre** zur Bekämpfung der Virusübertragung ausreichend ◆ Aufrechterhalten der **Disziplin** in der Gesellschaft ◆ Intensivere Forschung in **Zoonosen** ◆ Verstärkter Schutz der **Lebensräume** von Tieren ◆ **Sorglosigkeit** als mögliche Ursache für eine zweite Pandemie-Welle ◆ **Zweite Welle** nicht unwahrscheinlich, doch unter heutigem Kenntnisstand zweiter **flächendeckender Lockdown** unwahrscheinlich
3. Politisch Was kann und muss die Politik in Zeiten zunehmender gesellschaftlicher Spaltung und Radikalisierung unternehmen?	◆ Zukunftserzählungen als mobilisierende Kraft von **Krisenlotsen** ◆ Corona-Krise als **Kohorten-Erfahrung** für zukünftige Generationen ◆ Sicherheitsbotschaften und Zukunftskompetenz als Merkmal im **Wahlkampf** ◆ **Gefühlsmanagement** des »Muts« für Bürger/-innen bedeutend ◆ Staat als **Krisengewinner** ◆ **Politische Mitte** als Profiteur der Corona-Krise ◆ Oppositionsparteien mit Chancen, wenn Auftritt als **Mit-Produzent**

Tab. 2: Zusammenfassende Aussagen des Buches. – Fortsetzung

Corona in Deutschland: Zusammenfassende Aussagen der Beiträge	
Leitfragen	**Antworten**
	von Sicherheit und Kreativität in der Corona-Zeit ◆ Staat als funktionierender **Verwaltungsstaat** bestätigt ◆ **Verwalten** in Krisenzeiten mehr gefragt als Aushandeln von Entscheidungen ◆ Poltikmanagement und Verwaltungsaufbau als **Resilienzstärke** ◆ Je vielfältiger eine Gesellschaft, desto krisenfester und **widerstandsfähiger** gegen Populismus
4. Medial Welche Rolle kommt der Berichterstattung in der Corona-Krise zu? Wie sehr ist die sachliche Berichterstattung von »Framing« geprägt?	◆ Traditionelle Nachrichtenmedien **vielfältig** und nuancenreich ◆ Dennoch auch **Strömungen** in Berichterstattung, die richtungsgebend im öffentlichen Diskurs wirken können ◆ **Kurzarbeit** unter Redakteuren trotz Vielzahl an Themen ◆ Medienunternehmen mit **Einnahmeeinbrüchen** ◆ Gewachsenes **Informations- und Orientierungsbedürfnis** in den ersten Wochen ◆ Nachrichten und Spezialsendungen mit hohen **Reichweiten** ◆ Vermehrter **Abverkauf** von Zeitungen und Zeitschriften als digitale Produkte ◆ Fragen **jenseits** der »Corona-Agenda« derzeit mit weniger Beachtung in Medien ◆ Umschlagen des Medienkonsums in **Überdruss** im weiteren Pandemie-Verlauf ◆ Aufkommen von Gefühlen der **Überforderung** in der Gesellschaft ◆ Bis Mitte März 2020 Gefühl, dass Corona-Berichterstattung **medial aufgeblasen** ◆ Gefahr des Coronavirus von Seiten der Politik **unterschätzt**

Tab. 2: Zusammenfassende Aussagen des Buches. – Fortsetzung

Corona in Deutschland: Zusammenfassende Aussagen der Beiträge	
Leitfragen	**Antworten**
	• Pandemie daher erst nach einer Weile zum **Top Thema** von den Medien gemacht • **Bilder** wurden zm Sinnbild eines historischen Geschehens • Jüngere Altersgruppen stärker mit Eindruck der D**ramatisierung** der Situation • Thematisierung von **Sinn und Verhältnismäßigkeit** einzelner Maßnahmen • **Framing** nicht mehr »Virus nicht mehr als Gefahr«, sondern »Maßnahmen gegen das Virus als Gefahr« • **»Horse-Race-Berichterstattung«** über Politiker und Virolegen zunehmend • Zustimmung zur Corona-Pandemie gesunken, aber dennoch mit **Rückhalt** • Zunehmender Protest und **Frustration** seit Mai 2020 (u. a. Rechtsextremisten, Verschwörungsideologen, »alternative Medien«) • Informations- und Orientierungsbedürfnis als **Chance** für etablierte Medien • Auf Qualität und **Sorgfalt** achtender Journalismus systemrelevant genauso wie die Kunst, komplexe Sachverhalte herunterzubrechen
5. Ökonomisch Wie ist es um die Wirtschaft bestellt? Welche Szenarien liegen dem Weg aus der Krise zugrunde?	• Weltwirtschaft auf dem Weg in die schwerste Rezession seit der **»Great** • **Depression«** 1929 • **Angebots- und Nachfrageschock** in Folge einer globalen Gesundheitskrise • Deutschland in der **schwersten Rezession** der Nachkriegszeit • Drohende **Stagflation** als »Super-Gau« Szenario • Rezessionskurve des **»Wurzelzeichens«** als derzeit realistisches Szenario

Tab. 2: Zusammenfassende Aussagen des Buches. – Fortsetzung

Corona in Deutschland: Zusammenfassende Aussagen der Beiträge	
Leitfragen	**Antworten**
	◆ Wirtschaftliche Erholung auf Vorkrisen-Niveau nicht vor **2023** ◆ **Verschuldung** und Refinanzierungswellen in Emerging Markets als zusätzlicher ◆ Stress für die Weltwirtschaft ◆ Deutscher Leitindex DAX mit historischem **Kursverfall** im März 2020 ◆ Seit Mai 2020 anhaltende **Börsen-Rallye** mit »Hoffnung in den Kursen« ◆ Wirkung der **Liquiditätsmaßnahmen** der Zentralbanken an Börse sichtbar ◆ **Entkoppelung** der Finanz- und Immobilienmärkte von der Realwirtschaft ◆ **Insolvenz- und Arbeitslosigkeitswelle** für Herbst/Winter 2020 erwartet ◆ 15 Prozent aller Beschäftigen in **Kurzarbeit** ◆ Branchen mit **Zukunftsfähigkeit** identifiziert ◆ 20 Prozent der sozialversicherungspflichtigen Beschäftigten in Deutschland von **Arbeitsplatzabbau** durch Digitalisierung betroffen (Realistischer Ansatz) ◆ Industrie 4.0 mit punktuellem **Deglobalisierungs-Potenzial** ◆ Dennoch: **kein Ende** der Globalisierung von von »Just-in-Time« ◆ Digitalisierung mit Potenzial für **soziale Verteilungskämpfe** national und weltweit ◆ Inflation noch überschaubar, doch **Inflationierung** bei Assets und »Guten Dingen« ◆ bereits erkennbar ◆ Vorherrschaft um **Eurasisen** auf geostrategischer Agenda (USA versus China) ◆ und als »Das« Thema über der Corona-Krise ◆ Zunehmende staatliche **Einflussnahme** und Verzahnung mit der Wirtschaft

Corona in Deutschland: Zusammenfassende Aussagen der Beiträge	
Leitfragen	**Antworten**
	◆ Mit reiner Restrukturierung und Kostensenkung **keine Zukunftsfähigkeit** mehr ◆ Zeitgleiche Investitionen in radikale **Digitalisierung** von Unternehmen und öffentlichen Institutionen alternativlos
6. Technologisch Wie wirkt sich die Corona-Krise auf die technische Infrastruktur aus? Sind eine Beschleunigung der Digitalisierung und Automatisierung die Folge?	◆ **»Home Schooling«** und »Online Semester« inzwischen angekommen ◆ Techologie ist kein Hindernis mehr – Anwender und Entscheider als **Hindernis** ◆ **Homeoffice** nahezu flächendeckend realisiert – Gesetzgeber schließt Lücken ◆ Industrie 4.0 als bewusster **Umbau** ganzer Wirtschaftszweige am »Hochlohn-Standort Deutschland« ◆ Auslauf großer Beschäftigungspakte bis 2030 – danach **menschenarme Fabriken** ◆ Ungeachtet technologischen Fortschritts **kaum Produktivitätssteigerungen** zuletzt – Hoffnung in den gegenwärtigen technologischen Sprüngen ◆ Eigenschaften des **»Albtraum-Wettbewerbers«** bedrohen Branchen und Betriebe ◆ Technische **Infrastruktur** in Deutschland zwischen Engpass und Stabilität ◆ Handelskrieg zwischen USA und China entpuppt sich als Kampf um **technologische Vorherrschaft (Überwachungsökonomie)** und **digitale Währungshoheit**

Quelle: Eigene Darstellung.

Literatur

Brzezinski, Z. (2019): Die einzige Weltmacht: Amerikas Strategie der Vorherrschaft. 6. Auflage. Rottenburg: Kopp.

BTC Echo online (2020a): Frankreich schließt erste Tests zum E-Euro ab. https://www.btc-echo.de/frankreich-schliesst-erste-tests-zum-e-euro-ab/. [Zugriff am 14.07.2020]

BTC Echo online (2020b): China: Didi und TikTok sollen digitalen Yuan integrieren. https://www.btc-echo.de/china-didi-und-tiktok-sollen-digitalen-yuan-integrieren/. [Zugriff am 14.07.2020]

Bundesregierung online (2020): Pressekonferenz von Bundeskanzlerin Merkel zu der Besprechung mit den Regierungschefinnen und Regierungschefs der Länder zum Coronavirus. Mitschrift Pressekonferenz. 22. März 2020: https://www.bundesregierung.de/breg-de/aktuelles/pressekonferenz-von-bundeskanzlerin-merkel-zu-der-besprechung-mit-den-regierungschefinnen-und-regierungschefs-der-laender-zum-coronavirus-1733286. [Zugriff am 16.06.2020]

Fonds Professional online (2020): Analyse: Wie es mit Investments in Büro-Immobilien weitergehen könnte. https://www.fondsprofessionell.de/sachwerte/news/headline/analyse-wie-es-mit-investments-in-buero-immobilien-weitergehen-koennte-198524/. [Zugriff am 14.07.2020]

Hafenrichter, J. u. a. (2016): Digitalisierung der Arbeitswelt: Folgen für den Arbeitsmarkt in Baden-Württemberg. Institut für Arbeitsmarkt- und Berufsforschung. IAB-Regional: Berichte und Analysen aus dem Regionalen Forschungsnetz, 2016(3), S. 17.

Hartmann, W. D. u. a. (2018): Chinas Neue Seidenstraße: Kooperation statt Isolation – Der Rollentausch im Welthandel. 2. Auflage. Frankfurt: Frankfurter Allgemeine Buch.

Iskan, S. (2009): Verkehrsmittelwahl für internationale Lieferbeziehungen. Dargestellt am Beispiel der Automobilindustrie. Hamburg: DVV Media Group.

Iskan, S. (2011): E-Coaching in transnationalen Arbeitsgruppen: Wirkfaktoren und didaktisch-methodische Gestaltungsansätze – Dargestellt am Beispiel einer deutsch-türkischen deutsch-französischer Arbeitsgruppe bei einem integrierten Logistikdienstleister. Hamburg: Dr. Kovac.

Iskan, S.; Klaus, P. (2013): Transport, Logistics, and Supply Chain Services in Turkey: Market Sizes, Market Players, Infrastructure and Latest Trends in the Turkish Logistics Industry. Hamburg: DVV Media Group.

Iskan, S.; Staudt, E. (2015): »Gewinne das Change-Spiel, sonst bist du draußen!«, In: Iskan, S.; Staudt, E. (Hrsg.): Strategic Change: Wie Manager ihre Unternehmen jetzt erneuern müssen. Wiesbaden: Springer Gabler, 2015, S. 3–19.

Iskan, S. (2016): Logistik-Hub voller Energie. In: Deutsche-Verkehrs-Zeitung (DVZ), Sonderheft Türkei, 2016, S. 2.

Iskan, S. (2017): Konkurrenz in Bau. https://www.dvz.de/rubriken/luft/detail/news/konkurrenz-in-bau.html. [Zugriff am 14.07.2020]

Iskan, S. (2020): »Der Zukunft selbst beraubt«. In: Deutsche-Verkehrs-Zeitung (DVZ), 2020(26), 24. Juni 2020, S. 13.

Klaus, P. (2015): »Es gibt nichts Praktischeres als eine gute Theorie!«: Historie der Wissenschaft von Change Management. In: Iskan, S.; Staudt, E. (Hrsg.): Strategic Change: Wie Manager ihre Unternehmen jetzt erneuern müssen. Wiesbaden: Springer Gabler, 2015, S. 21–31.

Kunzmann, M. (2019): Mitbestimmt die Zukunft der Arbeit gestalten. In: Bürkardt, D. u. a. Hrsg.): Smart Factory und Digitalisierung: Perspektiven aus vier europäischen Ländern und Regionen. Baden-Baden: Nomos, 2019, S. 287–296.

Lee, K.-F. (2019): AI Super-Powers: China, Silicon Valley und die neue Weltordnung. Frankfurt/New York: Campus.

Mayer, M. (2018): China's Rise as Eursasian Power: The Revival of the Silk Road and Its Consequences. In: Mayer, M. (Hrsg.): Rethinking the Silk Road: China's Belt and Road Initiative and Emerging Eurasian Relations. Singapore: Palgrave Macmillan, 2018, S. 1–42.

Nallinger, C. (2017): Logistik-Experte Prof. Iskan und UTIKAD-Verbandspräsident Emre Eldener stehen trans aktuell Rede und Antwort. Logistik in der Türkei: Lukrative Drehscheibe vs. Unwägbares Risiko. https://www.eurotransport.de/artikel/logistik-in-der-tuerkei-lukrative-drehscheibe-vs-unwaegbares-risiko-9219798.html. [Zugriff am 13.07.2020]

Pavlicevic, D. (2019): A Power Shift Underway in Europe? China's Relationship with Central and Eastern Europe Under the Belt and Road Initiative. In: Xing, L. (Hrsg.): Mapping China's 'One Belt One Road' Initiative. Cham: Palgrave Macmillan, 2019, S. 249–278.

Schwab, K. (2016): Die Vierte Industrielle Revolution. München: Pantheon.

Siddi, M. (2017): The Scramble for Energy Supplies to South Eastern Europe: The EU's Southern Gas Corridor, Russia's Pipelines and Turkey's Role. In: Schröder, M. u. a. (Hrsg.): Turkey as an Energy Hub? Contributions on Turkey's Role in EU Energy Supply. Baden-Baden: Nomos, 2017, S. 51–66.

Sieren, F. (2018): Zukunft? China! Wie die neue Supermacht unser Leben, unsere Politik, unsere Wirtschaft verändert. 3. Auflage. München: Penguin.

Statista online (2020): Inflationsrate in Deutschland von Juni 2019 bis Juni 2020. https://de.statista.com/statistik/daten/studie/1045/umfrage/inflationsrate-in-deutschland-veraenderung-des-verbraucherpreisindexes-zum-vorjahresmonat/. [Zugriff am 14.07.2020]

Yang, J. (2019): Development and Innovation of the Belt and Road Cross-Border Logistics Service System. In: Li, X. u. a. (Hrsg.): Contemporary Logistics in China: Interconnective Channels and Collaborative Sharing. Singapore: Springer, 2019, S. 161–187.

Yu, X.; Rizzi, C. (2018): China and the »Belt and Road« Initiative: What Is It All About? In: Xugang, Y. u. a. (Hrsg.): China's Belt and Road: The Initiative and Its Financial Focus. Singapore: World Scientific, 2018, S. 55–88.

Zuboff, S. (2019): The Age of Surveillance Capitalism: The Fight for a Human Future at the New Frontier of Power. New York: PublicAffairs.